El calculador de Anticitera

Los secretos de la primera máquina del tiempo

Florentino Blas Fernández Cueto

El calculador de Anticitera

Los secretos de la primera máquina del tiempo

Florentino Blas Fernández Cueto

Marcombo

El calculador de Anticitera

© 2025 Florentino Blas Fernández Cueto

Primera edición, 2025

© 2025 MARCOMBO, S. L.
www.marcombo.com

Ilustración de cubierta: Jotaká
Maquetación: Reverté-Aguilar, S. L.
Corrección: Anna Alberola
Directora de producción: M.ª Rosa Castillo

ISBN: 978-84-267-3792-2
D.L.: B 12971-2024

Impreso en Arteos
Printed in Spain

Libro ecológico
Impreso con papel procedente de bosques gestionados de manera eficiente, libre de cloro.

Dedicado a Iago y a Guillermo, y a todos a los que
les gusta aprender.

AGRADECIMIENTOS

Quiero agradecer a tres grandes compañeros de profesión: la profesora Eva Leira Bouzamayor y los profesores Juan Marcos Filgueira Gomis y Román Bravo Díaz, quienes siempre están dispuestos a ayudarme en la redacción de este tipo de libros.

A un gran constructor de proyectos de ingeniería con piezas de Lego, que además es una gran persona, Marco Gil de https://todocio.es/

Por último, al Centro de Formación del Profesorado de Ferrol (CFR), por la gran ayuda y colaboración en todos los proyectos que llevo a cabo.

ÍNDICE

CAPÍTULO 1 – ESTUDIO PRELIMINAR 1

1.1   Introducción 2

1.2   Los calculadores astronómicos 4

1.3   Diferencia entre un calculador, una calculadora
y un computador 7

1.4   Diferencia entre dispositivos analógicos y digitales 10

1.5   Ejercicio 1: simulación digital vs. analógica 11

1.6   La realidad supera a la ficción 13

CAPÍTULO 2 – HISTORIA DEL CALCULADOR DE ANTICITERA 15

2.1. Descubrimiento de los restos del calculador 16

2.2. Los fragmentos encontrados 18

2.3 Quién pudo construir este calculador 21

2.4 Dónde se puede haber fabricado 25

2.5 Cuándo se construyó 26

2.6 Por qué se construyó este calculador 28

2.7 Los investigadores del calculador 30

2.8 Ejercicio 2: modelo 3D interactivo pieza A 33

CAPÍTULO 3 – FUNCIONAMIENTO DEL CALCULADOR DE ANTICITERA 37

3.1 Todas las funciones del calculador 38

3.2 Paneles e indicadores del calculador 41

3.3 Funcionamiento simplificado del calculador 49

3.4 Todas las piezas del calculador 53

3.5 Análisis básico y manejo de parte del calculador 57

3.6 Práctica 3: usted podrá ser un investigador 65

CAPÍTULO 4 – ENGRANAJES, MATEMÁTICAS Y ASTRONOMÍA 69

4.1 Utilización de engranajes para realizar cálculos matemáticos 70

4.2 Engranajes para sincronizar los ciclos del Sol y de la Luna 73

4.3 Cómo los griegos sincronizaron los ciclos solares y lunares 76

4.4 Solucionando problemas 79

4.5 Práctica 4: estudio detallado en 3D de la estructura 84

CAPÍTULO 5 – UTILIZACIÓN DEL SIMULADOR DEL CALCULADOR 91

5.1 Instalación del simulador del calculador 93

5.2 Estudio del entorno del simulador 94

5.3 Características del simulador 96

5.4 Utilización del simulador de Anticitera 97

5.5 Práctica 5: estudio de un evento astronómico del pasado 98

5.6 Práctica 6: cómo determinar fácilmente la fecha de un eclipse 102

5.7 Práctica 7: desde dónde se puede ver un eclipse 104

5.8 Práctica 8: falsos eclipses 105

5.9 Práctica 9: buscar verdaderos eclipses 107

5.10 Práctica 10: los tipos de eclipses 109

CAPÍTULO 6 – EPÍLOGO 115

6.1 El día del fin del mundo 115

6.2 Práctica 11: alineación de planetas 116

6.3 La primera máquina del tiempo 118

6.4 Práctica 12: viajando al futuro 119

6.5 Visita virtual al Museo Arqueológico de Atenas 123

6.6 El reto 123

CAPÍTULO 1 – ESTUDIO PRELIMINAR

Antes de comenzar este capítulo, y para que pueda acceder a todos los recursos que complementan el libro, deberá realizar las siguientes acciones:

1. Entrar en la página web de Marcombo: http://www.marcombo.info/

2. Una vez dentro, deberá escribir GRECIA27 en el recuadro Introduce el código promocional y presionar el botón Aceptar.

Figura 1.0

3. Se abrirá una nueva ventana, donde deberá escribir su nombre y su correo electrónico. También debe marcar la casilla Si para poder continuar y presionar el botón Enviar.

4. Ahora podrá ver una página con todos los recursos de este libro.

IMPORTANTE: cada vez que tenga que acceder a un recurso, deberá repetir los cuatro pasos anteriores.

Puede ver el primer vídeo en la página anterior de los recursos del libro, dentro de la tabla, con el título Vídeo de introducción al capítulo 1, seleccionando el enlace de la derecha Enlace.

CAPÍTULO	CANTIDAD DE RECURSOS POR CAPÍTULO	TÍTULO	DURACIÓN	ENLACE
1	2	Vídeo de introducción al capítulo 1	03:45	Enlace

Figura 1.1: Tabla de los recursos del libro

1.1 Introducción

Desde los albores de la humanidad, la tecnología ha sido una constante compañera en nuestro viaje evolutivo. Desde las primeras herramientas de piedra hasta los avances más recientes en inteligencia artificial, cada descubrimiento y cada invención ha marcado un hito en nuestra historia.

El siglo I antes de Cristo fue una época de grandes avances tecnológicos. Los romanos, por ejemplo, eran famosos por su ingeniería hidráulica, sus carreteras y sus monumentales edificios. Sin embargo, se cree que la idea de sistemas de engranajes complejos, que permiten la transmisión y transformación de movimiento, es un descubrimiento de la Edad Media.

Figura 1.2: Calzada romana

Pero, ¿y si le dijera que esta creencia está equivocada?, ¿y si le dijera que existió una máquina que era un dispositivo tan avanzado para su tiempo que desafía todo lo que pensábamos saber sobre la historia de la tecnología?

Este libro es un viaje a través del tiempo, durante el cual conocerá el gran descubrimiento realizado en las cercanías de la isla de Anticitera, en Grecia. Al final de este viaje, le presentaré un calculador increíblemente avanzado para su época, una máquina que ya utilizaba sistemas de engranajes en el siglo II antes de Cristo: el calculador de Anticitera.

En la actualidad, solemos creer que nuestra tecnología es la más avanzada que ha existido hasta la fecha, y que ninguna sociedad antigua podría haber alcanzado un nivel de conocimiento tecnológico similar. Pero esto no es del todo cierto, ya que hace más de dos mil años los griegos fueron capaces de determinar la órbita de la Luna y de muchos de nuestros planetas del sistema solar. Con estos conocimientos fueron capaces de crear un mecanismo, también llamado «calculador», que era capaz de determinar varios eventos astronómicos, como son los eclipses de luna y de sol, las fases de la Luna o la posición de estos dos astros junto con Venus, Mercurio, Marte, Júpiter y

Saturno (los cinco planetas conocidos en aquella época). Además, también podía determinar las fechas de los juegos olímpicos de la antigua Grecia.

El calculador de Anticitera fue descubierto cerca de la isla que lleva su nombre por unos buceadores griegos recolectores de esponjas, en el año 1901. Aunque solo se encontró una tercera parte del mecanismo completo, compuesto por 82 fragmentos, a lo largo de más de cien años de investigación se ha logrado entender su funcionamiento y reconstruir todas sus partes. Los científicos responsables de esta labor pertenecen a la UCL (University College London) y sus estudios al respecto han sido publicados.

Figura 1.3: Imaginando la tecnología antigua

Se estima que el mecanismo de Anticitera fue construido en el siglo I a. C., específicamente alrededor del año 100 a. C. Esta datación se basa en su estilo y en la tecnología utilizada en su fabricación, así como en las inscripciones encontradas en el propio dispositivo. Aunque es difícil determinar con precisión la fecha exacta de su creación, los estudios e investigaciones realizados hasta ahora indican que el mecanismo de Anticitera es uno de los artefactos tecnológicos más antiguos conocidos y una muestra impresionante del ingenio y la habilidad científica de la antigua Grecia.

Gracias a estos estudios, se ha obtenido una nueva perspectiva sobre la antigua concepción griega del Universo, representada a través de un complejo sistema de engranajes en la parte frontal del mecanismo.

A través del siguiente vídeo, del canal de Youtube *El Robot de Platón*, podrá obtener más información sobre este espectacular calculador. El creador de este canal, Aldo, es un gran divulgador de temas tecnológicos y científicos.

Puede ver el vídeo «El Misterio de la Máquina de Antikythera» a través de este código QR, o usando el siguiente enlace: bit.ly/40m6eOS.

Figura 1.4: Enlace

1.2 Los calculadores astronómicos

Es importante comprender la historia de los calculadores de este tipo y el lapso temporal que transcurrió desde la creación del calculador de Anticitera de los griegos hasta los primeros dispositivos similares en el siglo XVII.

En el vasto universo de la tecnología, los calculadores astronómicos han desempeñado un papel fundamental en la comprensión y exploración del cosmos. Estos ingeniosos dispositivos permitieron a los astrónomos realizar cálculos complejos y precisos, allanando el camino para el estudio de los cuerpos celestes. En este recorrido histórico, descubriremos los inventos que se desarrollaron para dar vida a los primeros calculadores astronómicos, así como los inventores que hicieron posible este avance tecnológico.

- **El ábaco (3000 a. C.)**

  Es uno de los primeros dispositivos de cálculo conocidos, y sentó las bases para el posterior desarrollo de los calculadores astronómicos. Fue utilizado por civilizaciones antiguas (como la sumeria, la egipcia y la china) para realizar operaciones aritméticas básicas. Aunque no estaba directamente relacionado con los cálculos astronómicos, su invención fue un hito crucial en la historia de las herramientas de cálculo.

Figura 1.5: Ábaco

- **El astrolabio (150 a. C.)**

  El astrolabio, inventado por el matemático griego Hiparco de Nicea, fue un avance revolucionario en la medición de posiciones astronómicas. Este dispositivo permitía determinar la posición de los astros y calcular la latitud y la longitud en función de la hora y de la ubicación geográfica. El astrolabio también puede ser considerado como un tipo de calculador. Su invención sentó las bases para el futuro desarrollo de instrumentos diseñados específicamente para realizar cálculos astronómicos.

- **El cuadrante (s. II d. C.)**

  Otro invento importante en esta línea fue el cuadrante, un dispositivo utilizado para medir ángulos y distancias en el cielo. Fue desarrollado por el astrónomo griego Claudio Ptolomeo y permitió a los astrónomos realizar mediciones más precisas y cálculos trigonométricos, con lo que aportó mayor precisión al estudio de los astros. El cuadrante fue un precursor esencial en la evolución de los calculadores astronómicos.

- **La regla de cálculo (s. XVII)**

  El matemático escocés John Napier diseñó la regla de cálculo, un dispositivo mecánico que permitía realizar multiplicaciones y divisiones mediante el uso de logaritmos. Aunque inicialmente se utilizó para cálculos generales, este invento allanó el camino para futuras mejoras y adaptaciones específicas para los cálculos astronómicos.

- **Los engranajes (s. XVII)**

  El uso de engranajes en los dispositivos de cálculo fue un paso crucial hacia la creación de los primeros calculadores astronómicos. La invención de los engranajes permitió realizar operaciones más complejas y precisas, incluyendo cálculos trigonométricos y de movimiento planetario. Astrónomos notables, como Tycho Brahe y

Johannes Kepler, contribuyeron al desarrollo y perfeccionamiento de los mecanismos de engranajes utilizados en los calculadores astronómicos.

También cabe destacar la **Rueda de Leibniz**, inventada por el matemático y filósofo Gottfried Wilhelm Leibniz en el siglo XVII, que fue un dispositivo mecánico revolucionario. Este ingenio consistía en discos concéntricos divididos en secciones numéricas y permitía realizar cálculos matemáticos de forma automática mediante el uso de la numeración binaria. La Rueda de Leibniz sentó las bases para el desarrollo de calculadoras y computadoras, marcando un hito en la historia de la tecnología y allanando el camino hacia la era digital.

Por tanto, se puede afirmar que el calculador de Anticitera es uno de los mayores descubrimientos del mundo antiguo, ya que muchos siglos antes del siglo XVII los griegos ya usaban los engranajes para crear todo tipo de dispositivos, no solo este calculador astronómico, aunque solo exista esta evidencia de ello.

Dentro de la comunidad científica que ha estudiado el funcionamiento de este mecanismo, existe el consenso de que aquellos responsables de su diseño y fabricación poseían una amplia experiencia en la creación de dispositivos similares: «Es completamente improbable que una sola persona pudiera haberlo realizado por sí sola». Por lo tanto, se especula que es muy probable que se hayan fabricado más calculadores de este tipo, los cuales podrían encontrarse enterrados en alguna ciudad o incluso en el fondo marino.

Figura 1.6: Engranajes

1.3 Diferencia entre un calculador, una calculadora y un computador

En muchos artículos y vídeos en las redes sociales se habla de este calculador como «el computador de Anticitera», pero esto no es correcto. El mecanismo de Anticitera no es un computador, sino un calculador. La diferencia entre un calculador y un computador radica en su funcionalidad y en su capacidad.

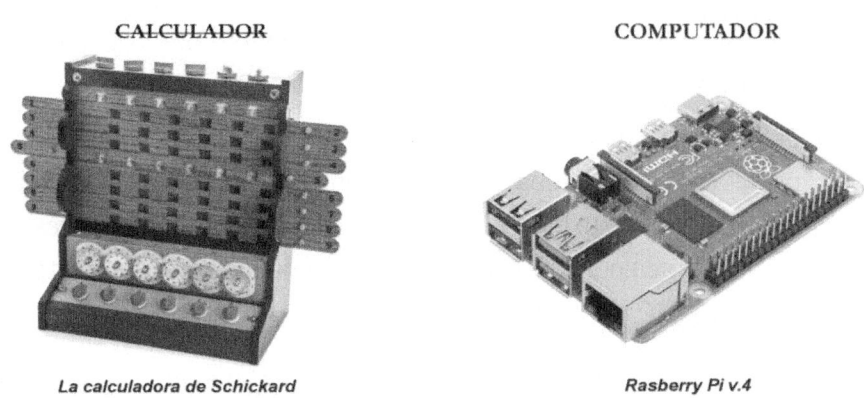

CALCULADOR   COMPUTADOR

La calculadora de Schickard   *Rasberry Pi v.4*

Figura 1.7: Calculador vs computador

Un calculador, también conocido generalmente como «calculadora» (aunque no son lo mismo, como veremos más adelante), es un dispositivo electrónico o mecánico diseñado específicamente para realizar operaciones matemáticas. Estas operaciones suelen ser básicas, como sumar, restar, multiplicar y dividir. Las calculadoras pueden ser portátiles y de mano, o pueden ser más sofisticadas y tener funciones adicionales, como cálculos científicos, financieros o estadísticos. En general, las calculadoras están diseñadas para realizar tareas numéricas específicas de manera rápida y eficiente, lo mismo que este mecanismo. Otra cuestión son las calculadoras programables, que nada tienen que ver con el funcionamiento de los calculadores antiguos.

Desearía realizar una aclaración adicional antes de continuar con la temática de los ordenadores. Esta aclaración concierne a la diferencia entre un calculador y una calculadora. El objetivo es que usted, estimado lector, concluya este apartado con una idea clara: el calculador de Anticitera no es ni un ordenador ni una calculadora, a pesar de lo que muchas personas puedan pensar.

- **Calculador**

  Por lo general, no se requiere una gran intervención manual para introducir datos en un calculador. Los datos se obtienen directamente de sensores o fuentes externas. Un ejemplo de esto es el calculador de Anticitera, en el cual, para que funcione, solo hay que girar un mando para que realice todos los cálculos matemáticos.

  Estos dispositivos están diseñados específicamente para tareas de cálculo automatizadas y pueden tener capacidades especializadas según el propósito para el que han sido desarrollados, como es el caso de nuestro calculador. Un ejemplo sería un simple termostato.

- **Calculadora**

  Una calculadora es un dispositivo también mecánico, electrónico o aplicación (programa informático) que permite a los usuarios introducir datos y realizar cálculos matemáticos de manera interactiva.

  Las calculadoras son herramientas más versátiles y, generalmente, se utilizan en situaciones cotidianas, educativas o profesionales para cálculos rápidos y precisos. Pueden tener botones específicos para operaciones matemáticas, científicas, financieras, estadísticas, etc.

  Las calculadoras pueden variar en complejidad, desde simples calculadoras de bolsillo hasta calculadoras científicas o programables más avanzadas.

Por lo tanto, considero que ahora usted, como lector, tendrá una idea más clara de lo que son un calculador y una calculadora. También es importante destacar que, a menudo, sucede que a cualquier aparato capaz de realizar operaciones matemáticas se lo denomina «calculador», como es el caso de la calculadora de Schickard (figura 1.7). Sin embargo, es importante notar que esta no cumple con la definición estricta de un calculador, ya que el usuario debe manipular numerosos mandos y otros dispositivos para que este dispositivo realice una determinada operación matemática.

A continuación, analizaremos la diferencia entre estos dos dispositivos y un ordenador.

Un ordenador, también denominado «computadora», es un aparato electrónico que tiene la habilidad de recibir, procesar y almacenar datos según un programa informático. Los ordenadores tienen la facultad de guardar y procesar datos de una manera que ni los calculadores ni las calculadoras pueden replicar. La manipulación de datos en un ordenador se basa en el tipo de *software* que el usuario esté empleando en ese instante (como el procesamiento de texto, la edición de una imagen, etc.), mientras que en un calculador o una calculadora no programable los datos se procesan siempre de la misma manera y no requieren el uso de un programa específico para ello.

Los computadores son mucho más potentes y complejos, ya que cuentan con procesadores, memoria, sistemas operativos y una amplia gama de dispositivos de entrada y salida. Además, los computadores permiten la interacción del usuario mediante una interfaz gráfica y tienen la capacidad de conectarse a redes y otros dispositivos.

Hace muchos años, tuve la oportunidad de trabajar con diferentes tipos de tecnologías, calculadores analógicos y digitales, cuando trabajaba para la Armada Española. Muchos lectores podrían pensar: «cualquier máquina que realice operaciones aritméticas es una calculadora», y no estarían equivocados. Sin embargo, al estudiar este tema con mayor profundidad, existen las diferencias que he descrito en los párrafos anteriores. No es correcto decir «la calculadora o la computadora de Anticitera», y ahora, estimado lector, ya conoce el porqué.

Conclusión: el mecanismo de Anticitera es un dispositivo mecánico formado por muchos engranajes y ejes, que puede calcular la posición de la Luna, del

Sol y de varios planetas, además de realizar otras muchas funciones, sin posibilidad de ser programado de nuevo, como sería el caso de una calculadora programable o un computador.

1.4 Diferencia entre dispositivos analógicos y digitales

En los párrafos anteriores, no he querido indicar que el calculador de Anticitera es un dispositivo analógico, para simplificar la explicación sobre este calculador. Es importante comprender la diferencia entre un dispositivo analógico y uno digital. La principal diferencia radica en cómo procesa la información cada uno de ellos.

- **Dispositivos analógicos**

  Fundamentalmente, un calculador analógico trabaja con valores que pueden variar desde un mínimo hasta un máximo, abarcando todo el rango de valores entre estos dos extremos. Por ejemplo, si consideramos que las señales de un calculador analógico tienen un valor mínimo de 0 y un valor máximo de 100, dicho calculador puede trabajar con 101 valores diferentes, incluyendo el 0. Por lo tanto, en un momento dado, una señal de este tipo de calculadores podrá tener un valor de 54, 12, 33 o cualquier otro valor comprendido entre 0 y 100.

- **Dispositivos digitales**

  En estos equipos los valores de la información procesada solo pueden tener dos valores: 0 o 1. Si se menciona el tema de la tensión, por ejemplo, los valores serían 0 voltios o +5 voltios.

Tenga en cuenta que cuando se menciona la palabra «señales», se refiere a la información que se va a procesar.

Para facilitar la comprensión de cómo se procesa la información, tanto analógica como digital, utilizaré un ejemplo sencillo con una bombilla.

Imagine que está en una habitación con una lámpara y quiere controlar su brillo. Supongamos que tiene dos tipos de dispositivos para hacerlo: uno digital y otro analógico.

- **Control digital de una bombilla:** ofrece solo dos opciones, encendido o apagado. Imagine que tiene un interruptor simple para la bombilla, donde solo puede elegir entre tenerla completamente encendida (220 voltios) o totalmente apagada (0 voltios). En este caso, el regulador trabaja con valores discretos y no puede ofrecer una variación continua del brillo. Por tanto, se puede considerar que los 220 voltios equivalen a un «1» lógico y los 0 voltios equivalen a un «0» lógico (señales o información).

- **Control analógico de una bombilla:** le permitirá ajustar el brillo de la bombilla de manera continua. Podrá girar el regulador y obtener un brillo suave y gradual. Esto es gracias a que el regulador analógico trabaja con un rango completo de valores entre un mínimo y un máximo. Por ejemplo, podrá establecer una tensión entre 0 y 220 voltios (rango de las señales) para controlar el brillo de la bombilla con precisión.

Los primeros calculadores que se inventaron fueron de tipo analógico, como el calculador de Anticitera, y tuvieron un amplio uso en el pasado. Sin embargo, a medida que transcurrieron los años, los avances tecnológicos permitieron el desarrollo de los calculadores digitales. Esto se debió principalmente a la facilidad y rapidez con la que se puede manipular la información en formato digital, en comparación con el formato analógico.

1.5   Ejercicio 1: simulación digital vs. analógica

Es posible que las explicaciones previas hayan facilitado la comprensión de los conceptos de señal o información digital y analógica. Sin embargo, una simulación en una página web podría proporcionar una experiencia más práctica. En la figura 1.8, se muestra el control de dos bombillas: B1, controlada por un pulsador, y B2, controlada por un regulador.

Funcionamiento:

- **Información digital:** la bombilla B1 representa la información digital. Cuando está apagada, la tensión aplicada es de cero voltios, equivalente a un «0» lógico, como se puede observar en el voltímetro V1 cuando el pulsador no está presionado. Al presionar el pulsador, se aplican 12 voltios, que se traducen en un «1» lógico, a la vez que la bombilla alumbra.

- **Información analógica:** la bombilla B2 representa la información analógica. El nivel de iluminación de la bombilla cambia al girar el mando de regulación. En este caso, la información analógica corresponde al valor que muestra el voltímetro V2.

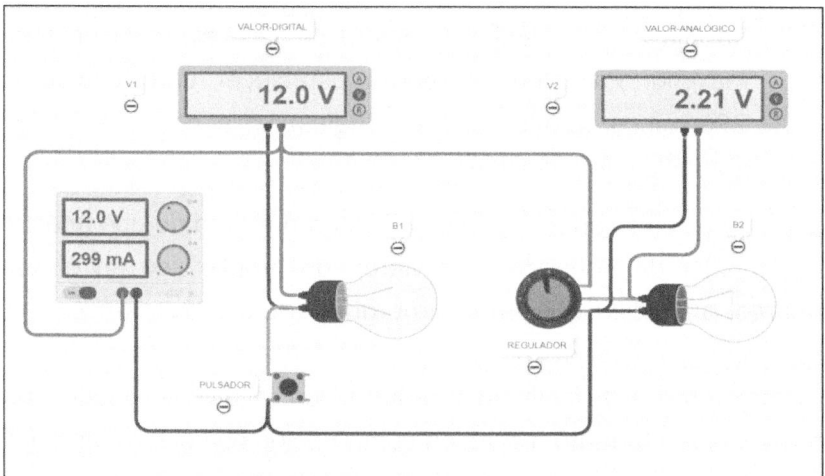

Figura 1.8: Control de bombillas digital-analógico

Puede acceder a la simulación de los circuitos de esta imagen a través de este código QR, o usando este enlace: https://bit.ly/49iJzXx.

Figura 1.9: Enlace

Cuando acceda a esa página web:

1. Presione sobre el botón «Simular» de la parte superior derecha de la ventana que se abre.

2. A continuación, presione sobre el botón de la parte superior central «Iniciar simulación».

3. Presione el pulsador para ver la información digital en V1 a la vez que la bombilla B1 se enciende o se apaga.

4. Varíe el mando de regulación para ver cómo cambia la iluminación de la bombilla B2 y al mismo tiempo obtener el valor analógico de tensión en V2.

1.6   La realidad supera a la ficción

¡Todavía quedan varios misterios por descubrir sobre este mecanismo de hace tantos siglos! Debe tener en cuenta que todo este estudio preliminar era necesario para preparar el terreno y permitirle adentrarse en las maravillas que nos esperan a continuación.

El título de este apartado puede llamarle la atención; si desea saber de dónde viene, debe repetir los pasos indicados en la introducción de este capítulo para acceder a los recursos de este libro en la web de Marcombo. Una vez dentro, busque en la tabla el vídeo «Vídeo de la realidad supera a la ficción».

CAPÍTULO ⇕	CANTIDAD DE RECURSOS POR CAPÍTULO ⇕	TÍTULO ⇕	DURACIÓN ⇕	ENLACE ⇕
1	2	Vídeo de introducción al capítulo 1	03:45	Enlace
		Vídeo de la realidad supera a la ficción	01:04	Enlace

Figura 1.10: Tabla de los recursos del libro

CAPÍTULO 2 – HISTORIA DEL CALCULADOR DE ANTICITERA

Como al comienzo del capítulo anterior, puede entrar en la web de Marcombo y buscar, en la tabla de los recursos, el vídeo con el nombre «Vídeo de introducción al capítulo 2»:

1. Entre en la página web de Marcombo: http://www.marcombo.info/

2. Una vez dentro, deberá escribir GRECIA27 en el recuadro Introduce el código promocional y presionar el botón Aceptar.

Figura 2.0

Este capítulo del libro nos invita a un viaje fascinante a través del tiempo y de la tecnología, donde se desvelarán los secretos del antiguo calculador de Anticitera. Sus misteriosas piezas y su complejo funcionamiento nos retarán a entender cómo nuestros antepasados lograron crear una máquina tan avanzada en la antigüedad.

Figura 2.1: Asombro

Iniciaremos nuestro recorrido explorando la cautivadora historia de este asombroso mecanismo. Desde su hallazgo en los restos de un naufragio en las costas de Grecia hasta su meticulosa restauración y estudio, conoceremos los esfuerzos de los arqueólogos y expertos que se atrevieron a desentrañar los misterios que ocultaba este tesoro del pasado.

Finalmente, echaremos un vistazo a uno de los fragmentos del calculador de Anticitera. Exploraremos, a través de un entorno en tres dimensiones, las partes más interesantes del fragmento más grande del calculador. ¡Le reto a que descubra los engranajes ocultos en este entorno 3D!

Así que prepárese para embarcarse en un emocionante viaje hacia el pasado, donde la ciencia, la historia y la intriga se entrelazan en torno a este enigmático aparato. A medida que desvelemos los secretos del calculador de Anticitera, nos maravillaremos ante la genialidad de nuestros antepasados y reflexionaremos sobre el legado de la tecnología antigua en nuestro mundo moderno.

2.1. Descubrimiento de los restos del calculador

En el año 1900, en la isla de Symi, un lugar famoso por la pesca de esponjas, un capitán de barco llamado Dimitrios Kondos decidió embarcarse en una aventura. Con su tripulación y su barco, se adentró en el vasto Mediterráneo en busca de los mejores lugares para pescar esponjas.

En su viaje, se encontraron con una pequeña isla, llamada Anticitera, y una tormenta feroz los obligó a buscar refugio en ella. Sin embargo, después de la tormenta siempre viene la calma y, cuando las aguas se tranquilizaron, el capitán Dimitrios tuvo una idea brillante.

Decidió enviar a uno de sus buzos más jóvenes, Elias Stadiatis, a explorar las profundidades del mar local. Lo que sucedió a continuación fue algo que nadie esperaba. Elias emergió del agua temblando de miedo, contando historias de personas muertas y desnudas en el fondo del mar. Pero no eran personas reales, sino esculturas y artefactos antiguos, entre ellos ánforas, dispersos por el lecho marino.

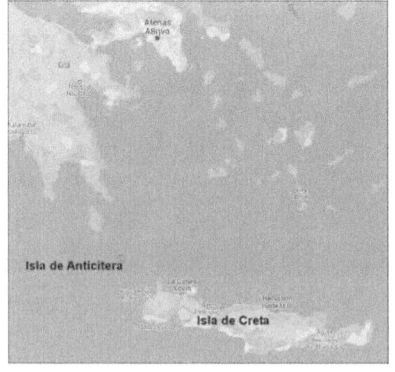

Figura 2.2: Isla de Anticitera

Resultó que habían tropezado con un naufragio de un antiguo barco grecorromano. El propio capitán decidió sumergirse y encontró un brazo de bronce, que llevó a la superficie. A pesar de este descubrimiento asombroso, tenían que continuar con su misión de pesca de esponjas. Así que, con el brazo de bronce a bordo, continuaron su viaje y regresaron a Symi.

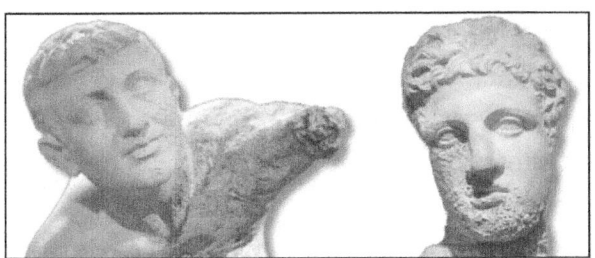

Figura 2.3: Restos de estatuas del naufragio

En Symi, debatieron sobre qué hacer con su hallazgo. ¿Podría ser este el comienzo de una nueva aventura? ¡Solo el tiempo lo diría! Así fue como la historia del descubrimiento del calculador de Anticitera comenzó a tomar forma.

Después de su increíble descubrimiento, los pescadores de esponjas se encontraron en un dilema. ¿Deberían volver a la isla de Anticitera la próxima temporada para examinar más a fondo el naufragio? ¿O deberían informar a las autoridades sobre su hallazgo?

Finalmente, decidieron hacer lo correcto e informaron a las autoridades. Gracias a esta decisión, se pudo organizar la primera arqueología submarina importante de la historia. La marina griega, consciente de la importancia del descubrimiento, proporcionó un barco de guerra, el Mykali, para proteger el sitio de posibles saqueadores. Los propios pescadores de esponjas fueron comisionados para realizar la inmersión, convirtiéndose así en los primeros arqueólogos submarinos.

En 1900, las tormentas impidieron que tuvieran suerte. Sin embargo, en 1901, las cosas cambiaron. Comenzaron a sacar del agua artefactos muy importantes. Fue un hallazgo impresionante, un verdadero barco del tesoro. Estaba lleno de exquisitas piezas de vidrio, muchas de ellas intactas, joyas, ánforas, vajilla y muchos otros objetos.

Y entre todos estos tesoros, hubo uno que en ese momento pasó desapercibido: una pieza totalmente corroída que resultó ser una de las partes del calculador de Anticitera. Este objeto fue llevado junto con todos los demás artefactos al Museo Arqueológico de Atenas. Y allí permanecería totalmente olvidado durante unos 50 años.

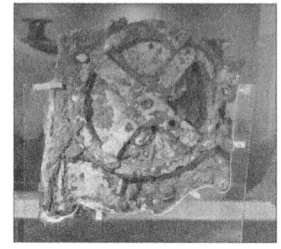

Figura 2.4: Fragmento principal A

2.2. Los fragmentos encontrados

Este mecanismo no apareció completo, sino en muchos fragmentos. Primero se encontraron en el fondo del mar Egeo las piezas más grandes, junto a otros fragmentos muchos más pequeños. Después del año 1902, se realizaron más inmersiones donde estaban los restos del barco hundido, y se encontraron más trozos de este calulador.

Figura 2.5: Fragmentos aparecidos
por Cristina Fernández Marín, 2011, https://domusapientiae.wordpress.com/, Licencia CC BY-SA 3.0

En el fondo del mar se encontraron 82 fragmentos separados del mecanismo de Anticitera. De todos ellos, solo siete contenían inscripciones importantes y engranajes. Hoy en día se ha determinado que estos fragmentos solo son la tercera parte del mecanismo completo. Después de muchos estudios, se pudo comprobar que este mecanismo estaba compuesto en su totalidad de unos 30 engranajes.

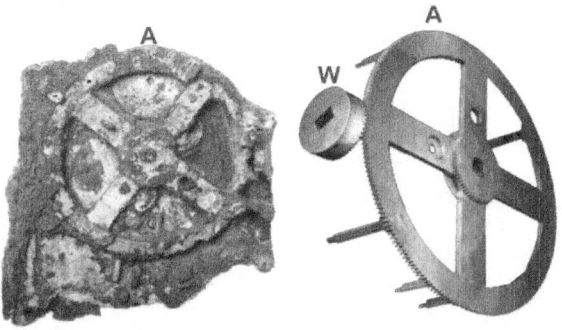

Figura 2.6: Reconstrucción del fragmento principal A
por Tony Freeteh, 2021, https://www.nature.com/articles/s41598-021-84310-w, Licencia CC BY 4.0 Deed

En la figura 2.6, se puede ver el engranaje más grande del mecanismo, la pieza A. Aunque ahora está totalmente corroída y los demás engranajes son invisibles a simple vista, se pueden ver con la ayuda de rayos X. A su lado, podemos ver una reconstrucción, junto con una pieza adicional W, que permitía introducir un mando para mover todo el mecanismo.

Durante muchos años, el número exacto de dientes del engranaje más grande, fragmento (A), fue objeto de debate. Pero ahora, después de mucha investigación y estudio, se ha determinado que estaba compuesto por alrededor de 224 dientes (¡son más dientes que los que tiene un tiburón blanco!). Además, pensaron que se trataba de algún tipo de calculador astronómico.

Ahora, cierra los ojos e imagina la magnitud de este conjunto de piezas, con sus numerosos engranajes entrelazados, trabajando en conjunto con las demás piezas para realizar complicados cálculos astronómicos. Cada uno de estos engranajes tenía una función precisa y contribuía al funcionamiento general del dispositivo, lo que permitía representar y predecir fenómenos celestiales con gran precisión.

En la parte derecha de la figura 2.7 podemos apreciar la pieza más grande del mecanismo, etiquetada con la letra A. ¡Es como el rey de todos los engranajes que conforman este asombroso dispositivo! Si se observa detenidamente, es posible maravillarse con la complejidad y el trabajo en equipo de todos esos engranajes, ¡es como una coreografía celestial!

Figura 2.7: Reconstrucción virtual del calculador de Anticitera
por Tony Freeteh, 2021, https://www.nature.com/articles/s41598-021-84310-w, Licencia CC BY 4.0 Deed

Ahora, dirijamos nuestra atención hacia la parte izquierda de la imagen. ¡Aquí es donde la magia astronómica cobra vida! Si nos fijamos, veremos el Sol, el brillante centro de nuestro sistema solar. Rodeándolo, están los cinco planetas conocidos por los antiguos griegos en la época en que se fabricó este calculador. ¡Es asombroso pensar que estos antiguos ingenieros sabían de la existencia de estos planetas y los incluyeron en su creación!

Pero eso no es todo. Si observamos cuidadosamente, y más hacia la izquierda de la imagen, encontraremos a nuestra fiel compañera en el cielo nocturno: la Luna. ¡Es como si estuviéramos mirando directamente al cosmos! Y, justo en el centro, hay un semicírculo dorado que representa nada menos que nuestra querida Tierra. Es una representación impresionante y simbólica de nuestro hogar en el vasto universo.

Esta imagen nos transporta a una época antigua, donde la tecnología y la astronomía se fusionaban en un maravilloso baile mecánico. Es un recordatorio de la capacidad humana para explorar y comprender el mundo que nos rodea, incluso en tiempos remotos. ¡El calculador de Anticitera nos revela los secretos de las estrellas y nos invita a maravillarnos con los logros ingeniosos de nuestros antepasados!

2.3 Quién pudo construir este calculador

Desde que se descubrió este mecanismo, existe un gran debate en la comunidad científica sobre quiénes lo construyeron. El diseño y la construcción de este asombroso dispositivo requería un nivel de conocimiento y de habilidades muy avanzado. Según los estudiosos, es probable que un grupo de expertos artesanos, matemáticos y astrónomos estuviera involucrado en su creación. ¡Imagina todo el talento y la dedicación que debieron haber puesto en este proyecto!

Algunos investigadores sugieren que el calculador de Anticitera pudo haber sido desarrollado en los círculos científicos de la antigua ciudad griega de Siracusa, en Sicilia. Esta ciudad era conocida por su rica tradición en matemáticas y mecánica. ¡Y aquí viene una curiosidad interesante! En Siracusa, vivió un famoso genio llamado Arquímedes, que era matemático, físico, ingeniero, inventor y astrónomo. ¿Se imagina qué emocionante sería si Arquímedes estuviera de alguna manera relacionado con el calculador de Anticitera?

Figura 2.8: Recreación de Arquímedes

Aunque, desafortunadamente, no podemos afirmar con certeza quién construyó esta maravilla antigua, muchos investigadores piensan que podría haber sido creada por un grupo de discípulos de la escuela de Arquímedes. Después de su trágica muerte a manos de un soldado romano en el año 212 a. C., durante la segunda guerra púnica llevada a cabo por la antigua Roma, sus conocimientos y enseñanzas podrían haber sido continuados por sus seguidores. ¡Qué honor sería para ellos llevar adelante el legado de un genio como Arquímedes y construir el increíble calculador de Anticitera!

Existen otras hipótesis que iremos viendo. ¿Quién pudo haber sido el creador de este mecanismo de Anticitera?

Pues resulta que algunos expertos sugieren que el filósofo Posidonio podría haber estado involucrado en su creación. ¡Vaya, esto se está poniendo realmente interesante!

Posidonio, un hombre polifacético que era filósofo, astrónomo, geógrafo e historiador, provenía de Apamea, en Siria. Vivió entre el 135 y el 51 antes de Cristo, ¡hace mucho tiempo! Este brillante individuo dirigió una prestigiosa escuela de astronomía en la isla de Rodas, al sureste del mar Egeo. Su enfoque principal se centraba en los movimientos circulares de los cuerpos celestes. ¡Imagina lo emocionante que debió de ser estudiar el cosmos en aquel entonces!

Figura 2.9: Recreación de Posidonio

Aquí viene una curiosidad interesante: Cicerón, un importante pensador, filósofo, político y escritor de la antigua Roma, mencionó en uno de sus textos que un mecanismo similar al de Anticitera había sido construido por el filósofo Posidonio. ¡Es increíble cómo las piezas del rompecabezas comienzan a encajar! Según Cicerón, este mecanismo tenía la capacidad de reproducir los movimientos del Sol, la Luna y los cinco planetas. Sin embargo, los investigadores creen que ese dispositivo fue creado muchos años después y que no es exactamente el calculador de Anticitera.

La historia de la tecnología antigua es como un emocionante juego de detectives. A medida que profundizamos en ella, encontramos pistas interesantes sobre los posibles creadores del calculador de Anticitera. Si bien aún no podemos afirmar con certeza quién fue el responsable, la figura de Posidonio y su escuela de astronomía añaden un toque emocionante a esta historia. ¡Me siento como si estuviera desenterrando secretos antiguos!

Figura 2.10: Desenterrando tesoros

¡Vamos a resolver el misterio del constructor del calculador de Anticitera! ¿Quién fue el genio detrás de este increíble dispositivo? Bueno, aquí viene otra teoría emocionante que podría darnos una pista. ¡Prepárense para conocer a Hiparco, otro sabio de la antigüedad!

Hiparco de Nicea, un astrónomo, matemático y geógrafo que vivió entre los años 190 y 120 antes de Cristo, podría ser el responsable de este increíble invento. Trabajaba en la antigua biblioteca de Alejandría y fue el fundador de la famosa escuela de Rodas. ¡Este tipo sabía lo suyo! **Uno de los descubrimientos destacados de Hiparco fue calcular las anomalías de la Luna y del Sol, y resulta que estas anomalías también se encuentran en el mecanismo de Anticitera**. ¿Coincidencia o conexión? Ustedes deciden.

Pero eso no es todo. Hiparco también desarrolló la trigonometría y publicó una tabla de cuerdas para resolver triángulos. ¡No puedo evitar emocionarme por todas estas contribuciones asombrosas a la ciencia antigua!

Aquí está la conclusión actual que los investigadores han alcanzado: el mecanismo de Anticitera podría ser uno de los diseños originales de Arquímedes, este brillante matemático, físico, ingeniero, inventor y astrónomo que mencionamos anteriormente. Sin embargo, con el paso del tiempo, Hiparco pudo haber realizado algunas mejoras.

Figura 2.11: Recreación de Hiparco y el Calculador de Anticitera

¡Ahí lo tienen! A medida que desentrañamos el enigma del calculador de Anticitera, nos encontramos con nombres como Arquímedes e Hiparco, gigantes intelectuales de la antigüedad. Sus contribuciones a la ciencia y a las matemáticas continúan asombrándonos hasta hoy. Creo que es realmente emocionante ser parte de este viaje de descubrimiento junto a ustedes, queridos lectores tecnológicos.

2.4 Dónde se puede haber fabricado

A lo largo de los años, se han realizado varias inmersiones en el mar para investigar los restos del barco romano hundido que albergaba el calculador de Anticitera. Uno de los aventureros que se sumergió en estas aguas fue el famoso explorador y oceanógrafo Jacques Yves Cousteau, quien realizó varias expediciones entre 1975 y 1978. ¡Qué emocionante debió de haber sido explorar esas profundidades marinas en busca de tesoros antiguos!

Después de estas inmersiones, se llevaron a cabo dos estudios exhaustivos para descubrir el origen del barco romano. Uno de estos estudios fue realizado por los arqueólogos del Museo Arqueológico Nacional de Atenas bajo la dirección del Dr. Nicholas Kaltsas. Ambos estudios coinciden en que la carga del barco procede de diferentes partes del mundo griego antiguo, principalmente de la región oriental. ¡Imagínense todo lo que encontraron en ese barco!, desde ánforas italianas hasta monedas de Siracusa y mucho más. Parece que el barco estaba navegando de este a oeste, posiblemente en dirección a Roma, aunque no se puede afirmar con certeza.

Ahora bien, queridos lectores, aquí viene una verdad importante: la ruta exacta del barco sigue siendo un misterio. A pesar de lo que puedan leer en Internet, la información disponible al respecto es confusa y a veces errónea. Tenemos que tener mucho cuidado y no creer todo lo que encontramos en la red. Además, la carga en sí no nos proporciona muchas pistas sobre el origen del mecanismo de Anticitera. Para encontrar respuestas, debemos recurrir a los textos antiguos. Ahí es donde encontraremos la información más valiosa.

Entre estos textos clásicos, hay uno que destaca: las obras de Cicerón, como mencioné anteriormente. En uno de sus escritos, Cicerón habla de un dispositivo creado por Posidonio que reproduce los movimientos del Sol, la Luna y los cinco planetas en cada revolución, tal como lo hace el mecanismo de Anticitera. Y aquí viene lo interesante: Cicerón conocía personalmente a Posidonio, ya que fue discípulo suyo en la Escuela Estoica de Filosofía en Rodas. ¡Qué conexión tan fascinante!

Con toda esta información en mente, es posible que el barco hundido provenga de Pérgamo, pero **lo más probable es que tenga su origen en Rodas**, donde vivió Posidonio (aunque, como se mencionó anteriormente, seguramente fue creado por Hiparco).

Figura 2.12: Recreación de la isla de Rodas

Seguimos desentrañando los secretos del calculador de Anticitera, y ahora nos encontramos con aventureros como Cousteau y con personajes históricos como Cicerón y Posidonio. Cada pieza del rompecabezas nos acerca un poco más a la verdad. ¡Espero que estén disfrutando tanto como yo de este emocionante viaje a través del tiempo y de la tecnología antigua!

2.5 Cuándo se construyó

¿Sabían que este sorprendente artefacto fue construido durante el periodo helenístico en Grecia? El periodo helenístico fue una época llena de maravillas y descubrimientos que se extiende desde el año 323 a. C., tras la muerte del legendario Alejandro Magno, hasta el 31 a. C., cuando el Imperio romano ¡se apoderó de la escena!

Se cree que el mecanismo de Anticitera vio la luz en algún momento entre los siglos II y I antes de Cristo. ¡Vaya, eso es mucho tiempo atrás! Pero, ¿cómo sabemos esto? Bueno, las inscripciones y los datos astronómicos grabados en el propio mecanismo nos han dado pistas valiosas. Resulta que estas marcas misteriosas están relacionadas con los movimientos celestiales, como el Sol, la Luna y varios planetas, ¡e incluso los eclipses! En la figura 2.13 se pueden ver algunas de las inscripciones de una de las piezas encontradas, cuyos textos son una especie de manual (junto con otros textos aparecidos) sobre este mecanismo. ¡Asombroso!

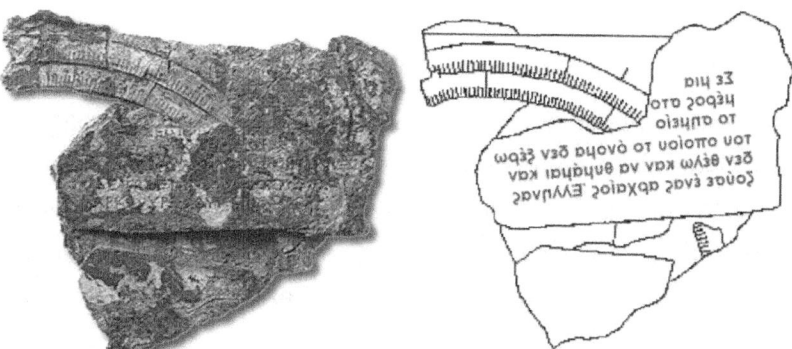

Figura 2.13: Fragmento "C" del mecanismo con inscripciones sobre su funcionamiento

Para desentrañar el enigma de su construcción, los expertos han llevado a cabo un minucioso análisis. Han comparado las configuraciones astronómicas del mecanismo con registros históricos y cálculos conocidos. ¡Un verdadero trabajo detectivesco! Al combinar campos como la arqueología, la astronomía y la historia, estos intrépidos investigadores han podido acotar el momento en que el mecanismo de Anticitera cobró vida.

Según las pruebas disponibles, se cree que nuestro artefacto tecnológico fue creado en los últimos compases del siglo II a. C., o en los primeros pasos del siglo I a. C. ¡La era de los grandes descubrimientos! En ese entonces, genios como Posidonio e Hiparco estaban en pleno auge (Arquímedes ya había fallecido), empujando los límites del conocimiento y sorprendiéndonos a todos con sus ideas innovadoras.

Ahora bien, les confieso que no es fácil determinar el año exacto o incluso la década precisa de la creación del mecanismo. La falta de documentación histórica completa y la escasez de artefactos supervivientes de esa época complican un poco las cosas. Pero no se preocupen, porque la investigación continúa y la tecnología avanza a pasos agigantados.

Gracias a nuevas técnicas de imagen de alta resolución y a modelos computacionales de última generación, nuestros valientes exploradores siguen desvelando nuevos secretos del mecanismo de Anticitera.

Cada descubrimiento nos acerca un poco más a conocer el calendario exacto de su construcción. ¡La emoción está en el aire!

En resumen, el mecanismo de Anticitera, esa maravilla tecnológica que nos deja sin aliento, fue creado durante el periodo helenístico, en algún momento entre finales del siglo II a. C. y comienzos del siglo I a. C. Si bien el año exacto sigue siendo un enigma, las pruebas y la investigación interdisciplinar nos ayudan a comprender mejor esta increíble maravilla tecnológica.

2.6 Por qué se construyó este calculador

Desde los primeros tiempos, los seres humanos hemos querido medir y organizar el tiempo de manera lógica. Así nacieron los primeros calendarios.

Los calendarios más antiguos surgieron al observar las constelaciones en el cielo. ¡Imagínense eso! El calendario más antiguo que se conoce se encuentra en Aberdeenshire, Escocia, y data del 8000 a. C. Es un monumento de piedra compuesto por 12 piedras que marcan la posición de la Luna durante todo un año. ¡Qué maravilla!

Figura 2.14: Estudio del cielo

Muchos siglos más tarde, las antiguas sociedades egipcias, sumerias, babilónicas y persas no solo miraban el cielo, sino que también registraban meticulosamente los eventos astronómicos en tabletas de arcilla. Estas civilizaciones fueron las precursoras en la creación de calendarios detallados, y dieron gran importancia a las fases de la Luna. De hecho, en esos calendarios, el mes lunar era fundamental. Con estos sistemas, podían organizar sus vidas: cultivar los campos siguiendo los ciclos de siembra, establecer fechas de pago, fijar festividades y celebraciones. Los cielos eran considerados sagrados y misteriosos, y era común consultar a los astrólogos o astrónomos (en ese entonces no hacían distinción) para predecir el futuro. Incluso elegían las fechas de las batallas basándose en las predicciones de estos expertos. Los conocimientos y registros de estas civilizaciones serían heredados por la astronomía griega.

Figura 2.15: Recreación de un antiguo sabio griego creando un calendario

Los griegos fueron muy buenos astrónomos, ¡se las sabían todas! Imagínate, ellos llevaban los calendarios a otro nivel, convirtiéndolos en auténticos relojes cósmicos. Eran tan buenos dividiendo el día según la posición de los astros que hasta programaban las ceremonias del Partenón según las fases de la Luna. ¡Qué curioso que esa tradición haya sobrevivido hasta nuestros días con celebraciones que siguen la onda griega!

En resumen, para esos griegos era muy importante tener un calendario preciso. No solo les servía para cosas prácticas, como saber cuándo sembrar y cosechar, sino que también les permitía adelantarse a eventos que consideraban que traían mala suerte, como los eclipses. Por eso, no es de extrañar que se esforzaron en crear artefactos que incluyeran sus calendarios sofisticados, tanto el lunar como el solar, y que además pudieran predecir cosas emocionantes, como el movimiento de los planetas. Este conocimiento, a su vez, supuso un empujón en el desarrollo de las matemáticas y quedó arraigado en la mente de los griegos, quienes veían el universo como un mecanismo de relojería superintrincado. ¡Y esa forma de pensar llegó hasta nuestra cultura occidental!

2.7 Los investigadores del calculador

Después del descubrimiento de los restos de este calculador a principios del siglo XX, la primera persona que los examinó detenidamente fue el arqueólogo y matemático griego Valerios Stais. Este investigador, con su mente brillante, identificó el mecanismo como un intrincado instrumento astronómico y publicó una descripción preliminar de sus engranajes y esferas. ¡Imagina la emoción que debió de sentir al descubrir algo tan sorprendente!

En la figura 2.16, se presenta una ilustración fascinante que combina una fotografía real de Valerios Stais con el fragmento más grande del dispositivo de calculador de Anticitera, el fragmento A.

Figura 2.16: Valerios Stais
(recreación)

Pasaron décadas antes de que otro valiente investigador decidiera adentrarse en los secretos del mecanismo. En 1951, Derek J. de Solla Price, un historiador de la ciencia británico-estadounidense, se sintió cautivado por esta maravilla antigua y decidió dedicarse por completo a su estudio. En 1959, publicó un estudio exhaustivo llamado *Gears from the Greeks* (Engranajes de los griegos), en el que ofrecía un análisis detallado de la estructura y las funciones del mecanismo utilizando la tecnología de rayos X. ¡Nada se le escapaba a Price!

Figura 2.17: Derek de Solla Price (recreación)

Pero la investigación no se detuvo ahí. En 1971 y 1972, un físico intrépido llamado Charalambos Karakalos, de la Comisión de Energía Atómica de Helena, decidió enfrentarse al enigma del mecanismo. ¡Y vaya si lo hizo! Y lo hizo utilizando la mágica potencia de los rayos X. Karakalos y su esposa Emily nos brindaron las primeras radiografías del interior de este enigmático artefacto. En la figura 2.18 se puede ver una de estas radiografías.

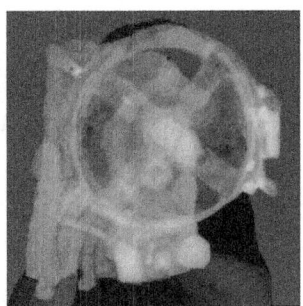

Figura 2.18: Radiografía fragmento A

Junto a ellos, nuestro incansable investigador, Derek J. de Solla Price, analizó minuciosamente estas radiografías, desentrañando cada detalle con entusiasmo. Y ¿qué encontraron?, te preguntarás. Descubrieron que el mecanismo estaba compuesto por una maravillosa danza de 27 (aunque el número exacto aún es un misterio) ruedas dentadas. ¡Imagínate!, estos engranajes eran verdaderas obras maestras de ingeniería; uno de ellos contando con 127 diminutos dientes. Pero eso no es todo, en otro engranaje hallaron asombrosas 235 divisiones grabadas. ¡Increíble!

Dichos hallazgos llevaron a Price a una conclusión fascinante: el mecanismo tenía un propósito astronómico. ¿Te lo puedes creer? Los antiguos griegos, en su gloriosa era clásica, habían alcanzado un nivel de desarrollo científico superior al que se les había atribuido hasta ahora. Este aparato tan complejo estaba directamente relacionado con los ciclos lunares, una verdadera maravilla de la tecnología ancestral.

Figura 2.19: Recreación de Jacques Cousteau con una estatua encontrada en 1976

Poco después, en 1976, el famoso explorador submarino, Jacques Cousteau, fue convocado para explorar ese intrigante lugar junto con su barco Calypso. ¡Y no defraudó! ¡Fue una misión de salvamento sin igual! Gracias a sus esfuerzos incansables, más estatuas emergieron de las profundidades, aunque no pudo encontrar ningún fragmento de nuestro calculador. También aparecieron monedas romanas acuñadas entre los años 76 y 67 a. C. (intervalo de años en el que, según los expertos, se encuadraría la datación del naufragio). Hay que tener en cuenta que las piezas griegas halladas eran muy anteriores.

Pero no puedo olvidarme del Proyecto de Investigación del Mecanismo de Anticitera, formado por un equipo internacional de expertos, en 2005, del UCL (University College London). Estos intrépidos investigadores, provenientes de diversas disciplinas (como la arqueología, la historia, la astronomía y la informática), emplearon tecnologías punteras (como imágenes en 3D, tomografía de rayos X y modelado computacional) para explorar el diseño y la funcionalidad del mecanismo. ¡Estaban decididos a descubrir todos los secretos que este artefacto guardaba!

Figura 2.20: Recreación del Dr. Tony Freeth observando el fragmento A en el museo arqueológico de Atenas

Entre los miembros destacados de este equipo se encontraban Tony Freeth, un matemático británico, y Alexander Jones, un historiador británico-estadounidense de la ciencia antigua. Otro de los responsables de este proyecto, Michael Wright, y el equipo liderado por Tony Freeth, desempeñaron un papel crucial en el estudio de las inscripciones y las funciones astronómicas del mecanismo, que revelaron sus impresionantes capacidades para predecir los eventos celestiales.

En un comunicado, el profesor Tony Freeth proclamó con entusiasmo: «¡El nuestro es el primer modelo que encaja con todas las pruebas físicas y coincide con las descripciones de las inscripciones científicas grabadas en el propio mecanismo! Aquí, el Sol, la Luna y los planetas se despliegan en un deslumbrante espectáculo de la genialidad de la antigua Grecia».

Este emocionante proyecto aportó contexto e información adicional sobre el origen y la finalidad de este asombroso artefacto. ¡La historia se iba desvelando poco a poco!

Con el paso del tiempo, los investigadores continuaron perfeccionando las técnicas de imagen y análisis para descubrir más detalles ocultos en el mecanismo de Anticitera. Gracias a avances como las imágenes multiespectrales, el escaneado avanzado de superficies y las imágenes de rayos X de alta resolución, hemos logrado comprender más a fondo los componentes y grabados de este dispositivo ancestral. ¡La tecnología moderna nos está ayudando a desvelar los secretos del pasado!

Y aquí estamos, en el emocionante año 2024, donde la investigación sobre el mecanismo de Anticitera continúa avanzando.

2.8 Ejercicio 2: modelo 3D interactivo pieza A

Como he indicado en los apartados anteriores, se encontraron varios fragmentos de este calculador en el fondo del mar. En la figura 2.21 se puede ver cada fragmento etiquetado con las letras que los investigadores asignaron a cada uno de ellos.

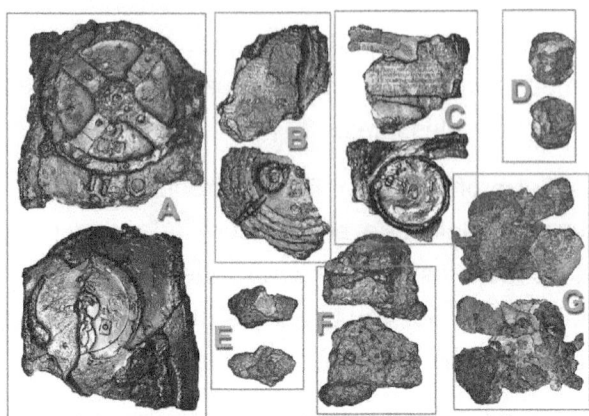

Figura 2.21: Algunos fragmentos etiquetados
(cortesía de Antikythera mechanism Research Project, 2005)

Pero eso no es todo, queridos lectores. ¡Tengo una sorpresa para ustedes! Les proporcionaré un enlace que los llevará a una experiencia única: podrán explorar el fragmento más grande de este calculador (etiquetado con la letra A en la figura 2.21) como si lo tuvieran en sus propias manos. ¿No es emocionante?

Permítanme explicarles cómo pueden acceder a este increíble modelo interactivo en tres dimensiones. Durante mi visita al Museo Arqueológico de Atenas, en septiembre de 2023, tuve la oportunidad de tomar fotos detalladas de este fragmento. Con esas imágenes, he creado un modelo digital que les permitirá moverlo, girarlo y examinarlo en detalle.

Ahora, aquí viene la parte divertida. Sigan las indicaciones que les proporcionaré a continuación y estarán a punto de embarcarse en una aventura virtual:

Paso 1: acceder al modelo 3D a través de este enlace, si usan un ordenador de sobremesa o portátil: https://bit.ly/47EFtan

Figura 2.22: Enlace

Paso 2: también pueden acceder usando este código QR (figura 2.22) con un dispositivo móvil (teléfono o *tablet*).

Paso 3: una vez abierta la página web que contiene este modelo en 3D, podrán ver la pieza principal del calculador de Anticitera, tal y como puede verse en la figura 2.23.

Figura 2.23: Fragmento más grande del calculador en 3D, interactivo

Paso 4: pueden interactuar con este fragmento de diferentes formas a través de los iconos de la barra de herramientas vertical de la zona central derecha de esta ventana, de forma que se puede girar, mover, hacer *zoom*, etc.

> **Icono de la plaqueta de cine:** al presionar, se abrirá una nueva barra con tres opciones. Experimenten con cada una de ellas para ver lo que pasa con las vistas del modelo 3D. En la parte superior de esta ventana verán dos iconos nuevos, uno de *play* y otro que representa un engranaje, ¡los invito a probarlos!

> **Icono de giro:** con un simple clic, podrán hacer que el fragmento gire alrededor de su eje, como si estuvieran en una montaña rusa de emociones tecnológicas.

Icono de movimiento: ¿quieren cambiar la perspectiva y explorar el fragmento desde diferentes ángulos? No hay problema. Al hacer clic en este icono, podrán mover el fragmento a su antojo. ¡Adelante, experimenten y obtengan diferentes vistas del objeto con cada giro!

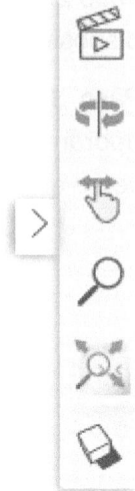

Icono de *zoom*: ¿quieren acercarse y ver los detalles más minuciosos? Este icono es su mejor amigo. Hagan clic y podrán hacer *zoom* en el fragmento, como si tuvieran una lupa virtual en sus manos. ¡Prepárense para descubrir los engranajes ocultos en la parte frontal y detrás del engranaje más grande!

Icono de *zoom* con flechas: se utiliza para ajustar el modelo a la ventana en caso de que desaparezca.

Figura 2.24:
Iconos

Icono de la caja con sombra: para visualizar las sombras en el entorno 3D.

Y ahí lo tienen, queridos lectores. Con solo unos clics, podrán interactuar con el fragmento A del calculador de Anticitera de una manera que les permitirá explorar cada rincón de esta maravilla antigua. ¡Es como si tuvieran el poder de viajar en el tiempo y desentrañar los misterios de la tecnología ancestral!

Así que, sin más preámbulos, los invito a hacer clic en los iconos de la barra de herramientas y a sumergirse en esta emocionante experiencia interactiva. ¡Giren, muevan y hagan *zoom* en el fragmento de Anticitera como verdaderos exploradores tecnológicos!

CAPÍTULO 3 – FUNCIONAMIENTO DEL CALCULADOR DE ANTICITERA

Como al comienzo del capítulo anterior, puede entrar en la web de Marcombo y buscar, en la tabla de recursos, el vídeo con el nombre «Vídeo de introducción al capítulo 3»:

1. Entre en la página web de Marcombo: http://www.marcombo.info/

2. Una vez dentro, deberá escribir **GRECIA27** en el recuadro Introduce el código promocional y presionar el botón de Aceptar.

Figura 3.0

En el capítulo anterior, le he contado sobre el maravilloso logro del equipo de Freeth al construir un modelo completamente funcional que replica el calculador de Anticitera original. ¡Sí, lo han logrado! Ahora podemos adentrarnos en el funcionamiento de esta increíble máquina, tal y como ha sido descrito por el propio Tony Freeth y su equipo.

Debo aclarar que todo lo que exploraremos en este capítulo se basa en los descubrimientos y avances de este equipo de genios tecnológicos. Han estudiado minuciosamente cada detalle y han logrado recrear el funcionamiento del calculador con una precisión asombrosa. ¡Es como si estuviéramos viajando en el tiempo directamente hacia la antigua Grecia!

Imaginen, por un momento, estimados lectores, la emoción que se siente al poder comprender y experimentar cómo esta antigua maravilla tecnológica operaba en todo su esplendor. Cada engranaje, cada giro, cada movimiento meticulosamente diseñado, nos revela un poco más sobre la genialidad de aquellos antiguos artesanos griegos.

Figura 3.1: Artesano griego

3.1 Todas las funciones del calculador

Las funciones que podía realizar este calculador de hace más de dos mil años son las que se describen a continuación:

- **Cálculo de posiciones astronómicas:** imagínese tener en sus manos un dispositivo capaz de predecir la posición de los astros, como el Sol y la Luna, en diferentes momentos del año. ¡Eso es precisamente lo que hacía el mecanismo de Anticitera! Permitía a los antiguos astrónomos rastrear el movimiento de los cuerpos celestes y comprender los patrones cósmicos.

- **Calendario:** este mecanismo también funcionaba como un sofisticado calendario (comparado con otros de la época), y ayudaba a los usuarios a realizar un seguimiento preciso de los ciclos lunares y solares. Esto era esencial para la agricultura, la navegación y la planificación de eventos importantes.

- **Ciclos metónicos:** ¿ha oído hablar del ciclo metónico? Es el periodo en el que se sincronizan los ciclos de la Luna y el Sol, y se repite cada 19 años. ¿Y qué significa esto? Bueno, resulta que transcurridos esos 19 años, las mismas fechas del año coincidirán con las mismas fases de la Luna.

- **Ciclos de Saros:** además, el mecanismo de Anticitera estaba diseñado para seguir los ciclos de Saros, que son series periódicas de eclipses que se repiten cada 18 años y 11 días aproximadamente. Gracias a esta función, los antiguos astrónomos podían predecir y registrar los eclipses, lo que les permitía comprender mejor estos fenómenos celestiales.

- **Movimiento de los planetas:** el mecanismo también tenía la capacidad de calcular y predecir el movimiento de los planetas conocidos en la antigüedad, como Mercurio, Venus, Marte, Júpiter y Saturno. Ofrecía una información valiosa sobre sus posiciones en el cielo en diferentes momentos.

- **Anomalías planetarias:** el mecanismo tenía en cuenta las anomalías planetarias, como el movimiento retrógrado ocasional de los planetas en su órbita. Esto permitía a los astrónomos antiguos tener en cuenta estos fenómenos y realizar cálculos más precisos.

- **Fases lunares y eclipses:** gracias a sus complicados engranajes, el mecanismo podía mostrar las fases de la Luna, como la luna llena y la luna nueva. Además, también permitía predecir los eclipses lunares y solares, brindando información crucial sobre estos eventos celestiales. El conocimiento de estas fases era como una guía de cultivos; cuánto más preciso, mejores resultados.

- **Indicador de eventos astronómicos:** el mecanismo tenía una serie de indicadores y diales que permitían a los usuarios conocer eventos astronómicos importantes, como las posiciones del Sol y la Luna en el zodiaco y el inicio de las estaciones.

Figura 3.2: Eventos astronómicos

- **Lugar y fecha de celebración de los Juegos Olímpicos:** también era un calendario de eventos deportivos. Sí, ha oído bien. Este dispositivo tenía un dial pequeño, conocido como el «Dial de juegos», que mostraba un ciclo de 4 años. Este ciclo correspondía a la celebración de los Juegos Panhelénicos, una serie de competencias deportivas que se celebraban en toda la antigua Grecia. Ahora, imagínese estar en la antigua Grecia, con este mecanismo en sus manos, capaz de predecir cuándo y dónde se celebrarían los próximos juegos. Olympia, Isthmia, Pythia, Nemea y Halieia eran algunos de los sitios donde se celebraban estos juegos. Cada uno de estos lugares albergaba un evento deportivo específico cada cuatro años y este calculador indicaba en qué fecha había que celebrarlos.

3.2 Paneles e indicadores del calculador

Ahora que ya sabemos todas las maravillas que puede hacer con este ingenioso aparato, es hora de que usted, querido lector, lo maneje por sí mismo. Pero, antes de eso, necesitará conocer los componentes de cada panel y entender la utilidad de cada una de sus partes: diales, textos y demás.

Es posible que se esté preguntando cómo puede utilizar un calculador que tiene más de 2100 años en pleno siglo XXI si ya ni siquiera existe. ¡Buena pregunta! La respuesta a este enigma la desvelaremos en un próximo capítulo. Por ahora, concentrémonos en estudiar las partes del calculador de Anticitera, sin adentrarnos en una reproducción actual del mismo.

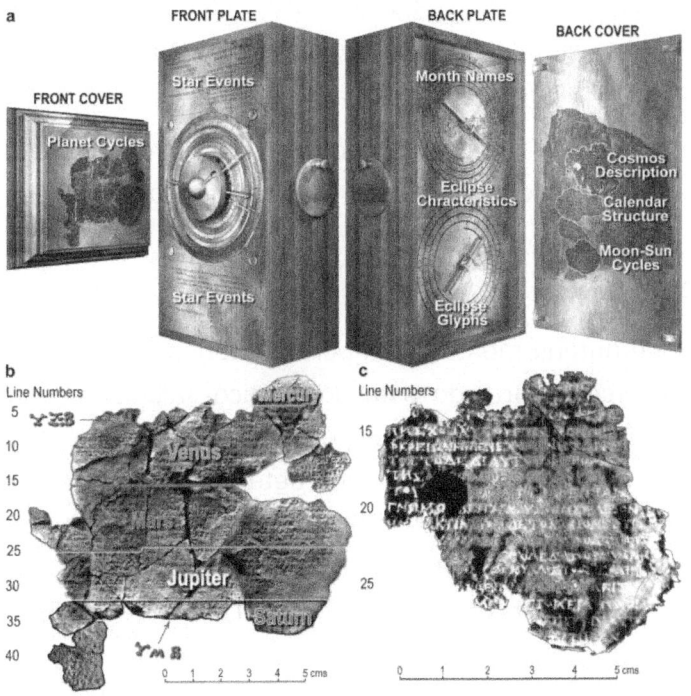

Figura 3.3: Recreación calculador

(University College London - Licencia Creative Commons CC BY 4.0 DEED)

Las explicaciones que se muestran a continuación están basadas en las investigaciones realizadas por el equipo de investigación de la University

College London (UCL) liderado por Tony Freeth. Este equipo ha conseguido modelar en 3D el calculador, y así poder recrear su complejo sistema de engranajes.

En la parte superior de la figura 3.3 puede ver una recreación realizada por el grupo de Freeth de todas las partes externas del calculador de Anticitera. ¿Le parece complicado? La verdad es que lo es un poco, pero no hay problema, ¡estoy aquí para guiarle en este fascinante viaje!

Verá, la mayor parte de los textos que se encuentran en el calculador están escritos en griego antiguo, y el calendario que aparece en el panel frontal no es el mismo que utilizamos en la actualidad. En este capítulo haremos un repaso general de la información que nos ofrece este ingenioso artefacto, con el objetivo de sumergirnos en la época en que fue diseñado y creado. No nos adentraremos demasiado en los detalles.

En el siguiente capítulo, sin embargo, daremos un giro y adaptaremos toda esta información al calendario actual y a un idioma que todos podamos entender.

PANEL FRONTAL

Como mencioné anteriormente, es importante tener en cuenta que solo se encontró una tercera parte de este enigmático calculador. Sin embargo, gracias al minucioso estudio de los textos e inscripciones presentes en algunos de los fragmentos, se ha podido determinar que este panel frontal albergaba los indicadores de los cinco planetas conocidos en la antigua Grecia. ¡Increíble, ¿verdad?! En la figura 3.4 se pueden apreciar todos los indicadores, diales y textos en griego antiguo del panel frontal del mecanismo de Anticitera.

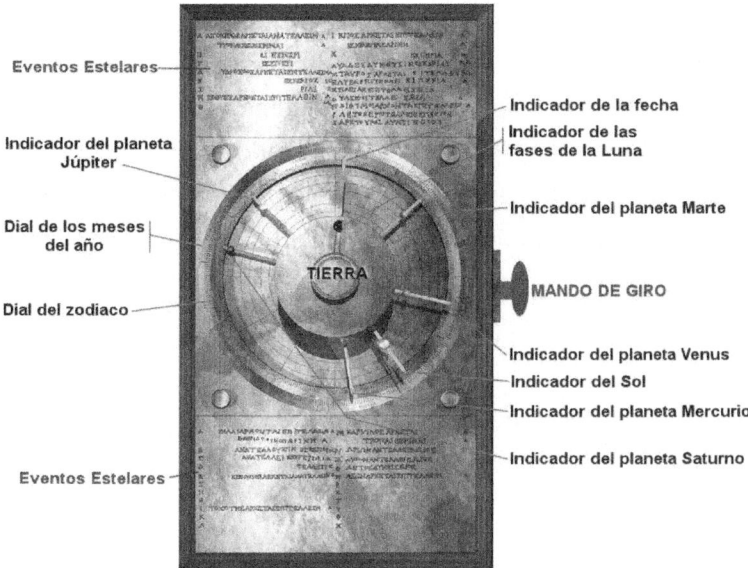

Figura 3.4: Posible configuración del panel frontal del calculador
(University College London - Licencia Creative Commons CC BY 4.0 DEED)

Según la información del apartado 3.1 (Todas las funciones del calculador), gracias a todos los indicadores y diales que aquí aparecen los antiguos griegos podían determinar:

- Las fases lunares

- La posición del Sol y de la Luna

- El calendario, el zodiaco y la fecha de los Juegos Olímpicos

- El movimiento de los cinco planetas conocidos

- Los eventos astronómicos

Es importante destacar que en el panel trasero se indicaban otras funciones, como los ciclos de Saros y metónico, así como el lugar donde se celebraban los Juegos Olímpicos. Además, los eclipses —tanto solares como lunares— también se registraban en el panel trasero.

Ahora, estimado lector, es posible que se pregunte cómo funcionaba este mecanismo para lograr todo esto?. La respuesta es sencilla: girando el único mando presente en el dispositivo, que podemos apreciar en la figura 3.4 con la inscripción mando de giro. Al accionarlo, todos los indicadores se ponían en marcha, permitiendo así determinar los eventos mencionados anteriormente. ¡Una auténtica maravilla de la ingeniería antigua!

Algo más sobre este panel: ¿se ha fijado en dónde está nuestro planeta? Está justo en el centro. Según la mayoría de los griegos y otras culturas de la antigüedad, la Tierra era el punto central del universo y todos los cuerpos celestes, incluido el radiante Sol, giraban a su alrededor; esta teoría se conoce como «geocentrismo».

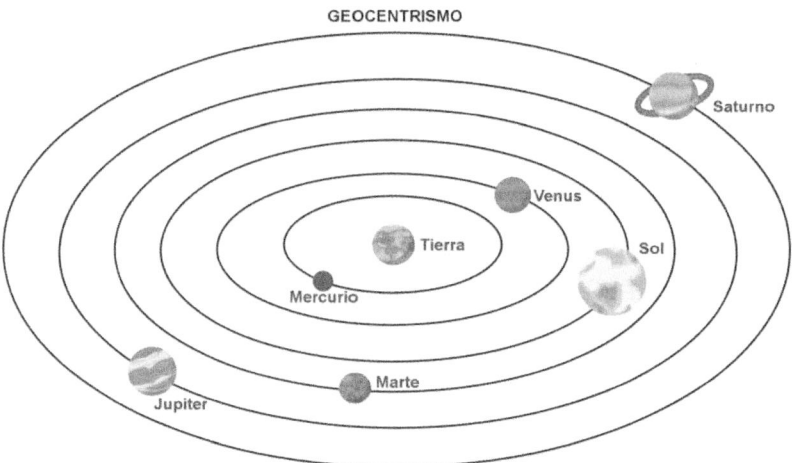

Figura 3.5: Geocentrismo por todos los planetas girando alrededor de la Tierra

Imagine la escena: está en la antigua Grecia y se encuentra con Claudio Ptolomeo, un impresionante astrónomo y matemático que propone su idea estelar en su obra maestra llamada *Almagesto*. Este hombre defiende con fervor la teoría geocéntrica, y asegura que la Tierra es un auténtico imán cósmico, inmóvil en el centro del universo. Según él, los planetas, incluido nuestro querido Sol, realizan giros alrededor de nuestra amada Tierra en órbitas circulares llamadas «epiciclos».

Este concepto geocéntrico se mantuvo firme durante siglos y se convirtió en el rey de la astronomía occidental hasta que llegó el Renacimiento con sus ideas frescas. Pero no todos los griegos estaban totalmente convencidos de este modelo geocéntrico. De hecho, había unos cuantos rebeldes astronómicos, como Aristarco de Samos, que defendían una idea totalmente diferente: el sistema heliocéntrico. Estos valientes pensadores proclamaban que el Sol era el rey y que la Tierra y los demás planetas giraban a su alrededor. ¿No es emocionante descubrir estos desafiantes puntos de vista?

Entonces, para resumir nuestra aventura en el siglo I a. C., la mayoría de los griegos creían en la idea geocéntrica, donde la Tierra era el centro del universo y los astros giraban a su alrededor en una coreografía celestial. Pero, ¡espere! Las teorías heliocéntricas aún no habían alcanzado la cumbre de la popularidad en esa época. Fue en siglos posteriores cuando estas ideas revolucionarias comenzaron a ganar terreno y a brillar con todo su esplendor en el firmamento científico.

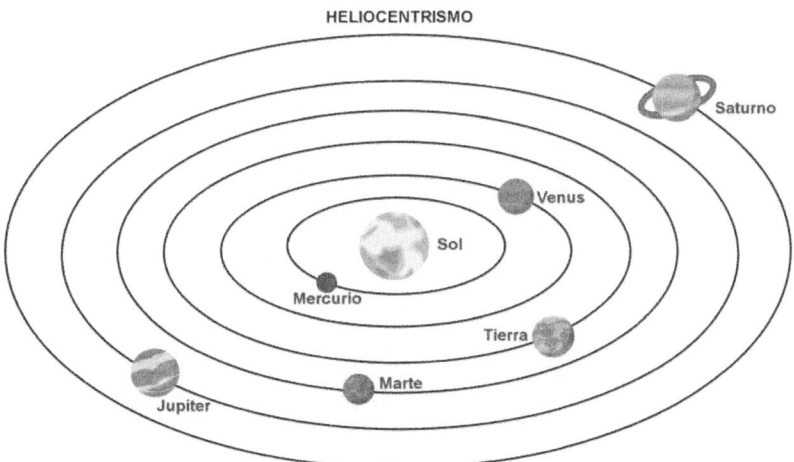

Figura 3.6: Heliocentrismo por todos los planetas girando alrededor del Sol

Recuerde que en la antigua Grecia se pensaba que la Tierra era el centro del Universo, por eso aparece en el centro de las escalas circulares. Sin embargo, como mencioné anteriormente, no entraremos en detalles en este momento.

Más adelante, a través de una simulación actual del calculador, exploraremos con mayor profundidad su funcionamiento.

PANEL TRASERO

Al igual que ocurrió con el panel frontal, las inscripciones encontradas en los fragmentos (ubicados en la parte inferior derecha de la figura 3.3) han permitido determinar los eventos cósmicos que aquí se representan, que son aquellos que no se muestran en el panel frontal:

- Ciclos de Saros y metónico

- Lugar de los Juegos Olímpicos

- Eclipses solares y lunares

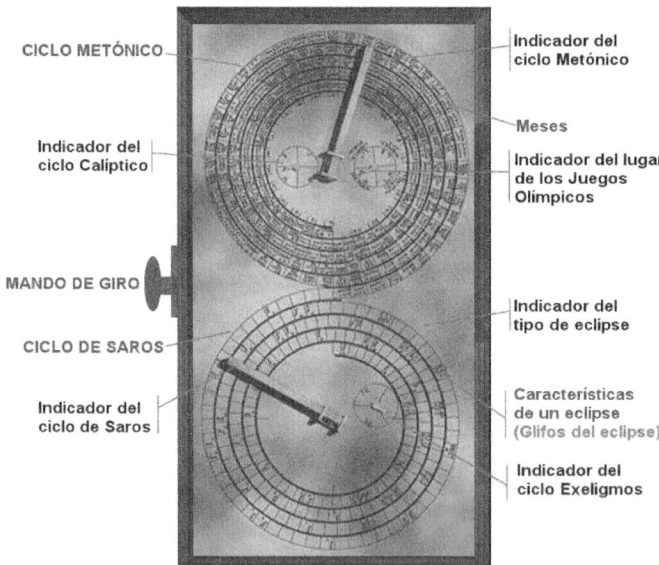

Figura 3.7: Posible configuración del panel trasero del calculador
(University College London - Licencia Creative Commons CC BY 4.0 DEED)

Analizar la figura 3.7 del panel trasero puede parecer un poco abrumador, ya que resulta ambicioso intentar comprender la utilidad de estas partes, especialmente si no estamos familiarizados con términos como son los ciclos de Saros, metónico, calíptico y exeligmos. ¡Y ni hablar de los enigmáticos glifos del eclipse! Pero no hay por qué preocuparse, más adelante explicaré todo esto en detalle.

En el apartado 3.1 (Todas las funciones del calculador), realicé una descripción de los ciclos de Saros y metónico, pero permítame repasarlos brevemente junto con los nuevos términos de una manera mucho más sencilla.

Comencemos con el ciclo metónico. ¿Alguna vez ha notado que la Luna sigue un patrón en sus fases? A veces está llena y brillante, otras veces solo es una fina curva. Bueno, el ciclo metónico es el responsable de esta danza lunar. Durante aproximadamente 19 años, la Luna sigue un patrón repetitivo en sus fases.

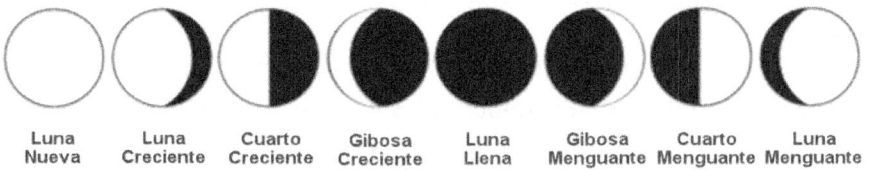

| Luna Nueva | Luna Creciente | Cuarto Creciente | Gibosa Creciente | Luna Llena | Gibosa Menguante | Cuarto Menguante | Luna Menguante |

Figura 3.8: Las fases de la Luna

Pero para que lo entienda mejor, lo explicaré con el un ejemplo. Imagine que está tratando de organizar una fiesta que ocurre cada vez que la Tierra da una vuelta alrededor del Sol (un año) y cada vez que la Luna da una vuelta alrededor de la Tierra (aproximadamente un mes). Pero hay un problema: estos dos eventos no ocurren en el mismo intervalo de tiempo. Entonces, ¿cómo puede hacer que coincidan?

Aquí es donde entra el ciclo metónico. Es como un calendario que dice: «¡Espera! Si esperas 19 años, entonces habrán pasado exactamente 235 meses lunares. ¡Eso significa que puedes tener tu fiesta en la misma fecha y la misma fase lunar cada 19 años!».

El ciclo metónico es una forma de sincronizar nuestros calendarios solares (basados en el Sol y los años) y lunares (basados en la Luna y los meses).

Se utiliza en algunos calendarios, como el hebreo, para mantener sincronizadas las fechas de las festividades con las fases de la Luna.

Es fascinante cómo nuestros antepasados lograron descifrar este ciclo y representarlo en el calculador de Anticitera, así que más adelante estudiaremos cómo, mediante unos engranajes, se consiguió recrear este calendario metónico.

Ahora, pasemos al ciclo de Saros. Imaginen que están presenciando una serie de eventos celestiales, como eclipses, y de repente se dan cuenta de un patrón recurrente. Cada cierto tiempo, los eclipses vuelven a ocurrir en un ciclo. ¡Es como si el universo estuviera siguiendo un guion! El ciclo de Saros es ese guion cósmico que determina cuándo y dónde ocurrirán los eclipses, junto con el calendario del panel frontal. ¿No le parece sorprendente cómo los antiguos astrónomos lograron captar estas complejidades cósmicas?

No se preocupe, no lo dejaré en la oscuridad con los otros términos. **El ciclo calíptico** es otro patrón que involucra al Sol y a la Luna, **y el exeligmos** es un ciclo aún más largo que combina el ciclo de Saros y el metónico. Por tanto, estos dos ciclos, calíptico y exeligmos, son complementarios a los ciclos principales. Pero para entender el funcionamiento general no es necesario que le explique cómo se relacionan entre sí.

Y, finalmente, los enigmáticos glifos del eclipse. Estos glifos son símbolos que representan los diferentes tipos de eclipses en el calculador de Anticitera; por ejemplo, si se trata de un eclipse parcial lunar o solar. ¡Imagínese tener un lenguaje celestial secreto en forma de glifos! Cada símbolo nos ayuda a interpretar y comprender los eventos celestiales que se representaban en el mecanismo.

Solar Total   Solar Anular   Solar Parcial   Lunar Total   Lunar Parcial

Figura 3.9: Representación de los diferentes tipos de eclipses - Glifos

Así que, estimado lector, ahora tiene una visión más clara de estos conceptos aparentemente complicados. Los ciclos de Saros, metónico, calíptico y exeligmos, junto con los misteriosos glifos del eclipse, nos permiten adentrarnos en la ciencia antigua y admirar la astucia de nuestros antepasados.

Sé que algunos podrían sorprenderse al saber que nuestros ancestros griegos fueron capaces de crear algo tan sofisticado. Ciertamente, alguien podría pensar: ¿cómo pudieron descubrir esto hace más de 2200 años? ¡Debe ser obra de extraterrestres! Permítame invitarle a evitar conclusiones tan apresuradas. Si nuestros amigos de otro planeta hubieran estado involucrados, estoy seguro de que habrían sabido que la Tierra gira alrededor del Sol. Después de todo, para unos expertos astronautas resultaría obvio. Espero haber disipado cualquier idea absurda. ¡Sigamos explorando juntos esta fascinante pieza del pasado!

3.3 Funcionamiento simplificado del calculador

Es interesante sumergirse en el funcionamiento de este increíble calculador. Sin embargo, analizar cada una de sus funciones a partir de todas las combinaciones de engranajes sería una odisea interminable. ¡Hagámoslo más entretenido! En lugar de eso, vamos a centrarnos en una función muy sencilla y emocionante: solo los engranajes encargados de representar los eclipses. ¿Recuerda el ciclo de Saros del que hablé anteriormente? Pues bien, aquí es donde entran en juego los siguientes conjuntos de engranajes. Por cierto, permítame señalar que los resultados sobre los eclipses se obtienen en conjunto con otros engranajes que representan la fecha, pero, para hacerlo más fácil de entender, nos enfocaremos solo en los engranajes relacionados con los eclipses.

La figura 3.10 nos muestra una vista completa de todos los engranajes del calculador de Anticitera. Sin embargo, solo aquellos engranajes que son de color verde (gris oscuro) están relacionados con los eclipses, es decir, el ciclo de Saros. En total, contamos con catorce engranajes que desempeñan un papel crucial en este asombroso mecanismo. Si observa atentamente, podrá notar el número de dientes que cada engranaje posee, ya que están claramente indicados junto a ellos. Por ejemplo, el engranaje conectado al mando de giro tiene 48 dientes (IN 48), mientras que el último engranaje cuenta con 20 dientes (M2 20).

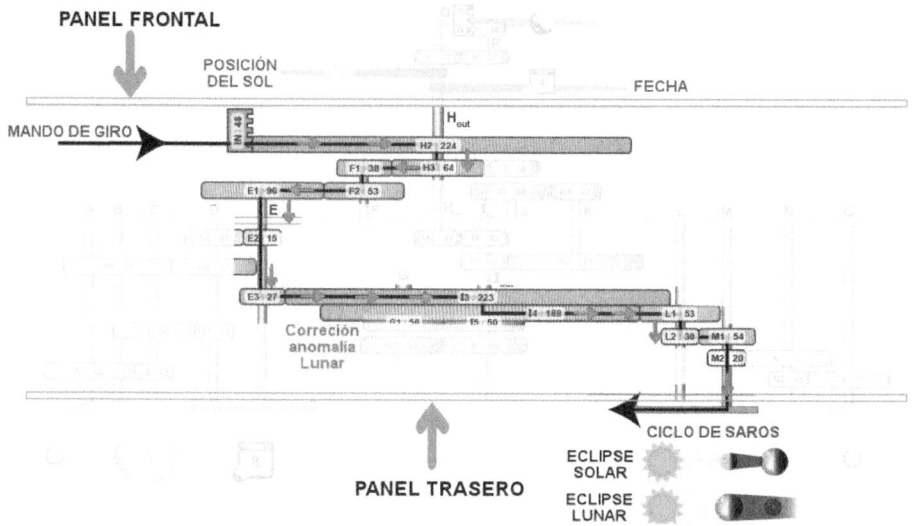

Figura 3.10: Ciclo de Saros

(Del sitio web https://www.eternalgadgetry.com/ - Creative Commons 4.0)

Observemos nuevamente la figura 3.10. Las flechas rojas (las pequeñas de color gris más claro encima de los engranajes de gris oscuro) que se encuentran sobre los engranajes verdes (gris oscuro) nos muestran la dirección en la que se transmite el movimiento. Es como seguir el rastro de un explorador en medio de un intrincado laberinto mecánico. Cada pieza encaja a la perfección, como si fuera un rompecabezas cósmico que revela los secretos de los eclipses. Nos encontramos observando las maquinaciones del universo en movimiento. Así, estimado lector, ahora comprende la importancia de esos engranajes. Ellos son los auténticos protagonistas del ciclo de Saros y nos guían en este emocionante viaje hacia el mundo de los eclipses.

Ahora bien, podría surgir la pregunta: ¿cómo funcionan exactamente estos engranajes para representar en el panel trasero, a través de un dial, el ciclo de Saros? La respuesta es sencilla y complicada a la vez. Es fácil comprender que estos catorce engranajes se dedican a realizar operaciones matemáticas que nos permiten visualizar cuándo y qué tipo de eclipses ocurrirán en el futuro. Sin embargo, explicar en detalle cómo se realizan estos cálculos matemáticos a partir del número de dientes de cada engranaje y cómo se conectan entre sí es algo mucho más complejo. De hecho, merecería un libro dedicado exclusivamente a esta fascinante explicación.

Es importante comprender que, para cada una de las funciones del calculador de Anticitera, se combinan varios conjuntos de engranajes que se pueden observar en la figura 3.10. Sin embargo, en la figura 3.11 se presentan únicamente aquellos engranajes que están relacionados con la posición del Sol, la fecha y el calendario.

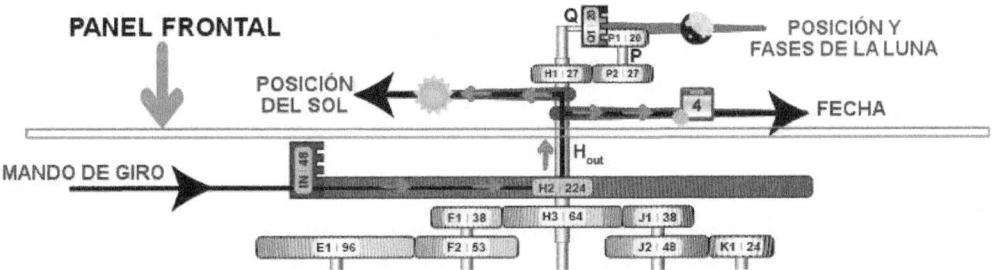

Figura 3.11: Indicadores de la posición del Sol y la Fecha
(https://www.eternalgadgetry.com/ - Creative Commons 4.0)

En este caso en particular, solo intervienen los dos engranajes de color azul (gris muy oscuro): el IN-48 y el H2-224. Estos dos engranajes trabajan en conjunto para brindarnos información precisa sobre la posición del Sol y el indicador de la fecha. Observen las pequeñas flechas rojas (las pequeñas de color gris) que indican cómo se transmite el movimiento entre ellos. Además, si dirigen su mirada hacia la parte superior de la figura 3.11, se encontrarán con las llamativas flechas grandes de color negro. Estas flechas representan la posición del Sol y el indicador de la fecha, que actúan como señales claras y visibles en este increíble dispositivo. También es interesante saber que la desviación entre estos dos diales siempre es de unos 30 grados. Es asombroso pensar en cómo estos dos pequeños engranajes, junto con otros elementos ocultos detrás de escena, logran capturar y reflejar con precisión la posición del Sol y la información cronológica. Es como tener un pedacito del universo en la palma de nuestras manos.

Así que aquí tiene una pequeña muestra de cómo se combinan y trabajan juntos los engranajes en el calculador de Anticitera para realizar funciones específicas. Cada engranaje, cada flecha y cada indicador nos revela un poco más del asombroso conocimiento y de la ingeniería antigua que se encuentra en este increíble artefacto.

Con la idea de mejorar todas las explicaciones anteriores sobre el funcionamiento de este calculador, le invito a ver el siguiente vídeo, cuyo modelo ha sido creado por Scott Shambaugh. Puede acceder a él a través del enlace https://bit.ly/3T3yV1g o través del código QR.

Figura 3.12: Enlace

En este vídeo:

1. En primer lugar, podrá observar el frontal del calculador, cómo se mueven los cinco planetas conocidos por los antiguos griegos, así como el Sol y la Luna. Estos astros se mueven alrededor de la Tierra (representada por un círculo dorado en el centro) al girar el mando de giro, que se puede ver a la derecha. Además, podrá apreciar el movimiento del indicador de la fecha.
2. También podrá maravillarse con las esferas concéntricas en el frontal, las cuales muestran los meses del año en griego en la esfera exterior, así como los nombres de los signos del zodiaco en la esfera interior.
3. ¡No se pierda el fascinante cambio de fases de la Luna! Al girar alrededor de la Tierra, la esfera correspondiente va cambiando de color, alternando entre blanco y negro.

4. En la parte trasera del dispositivo, podrá observar en funcionamiento los indicadores de los ciclos metónicos y de Saros, que ya le mostré en la figura 3.7.

5. Por último, prepárese para admirar el increíble trabajo realizado por Scott Shambaugh, quien nos brinda la oportunidad de presenciar el funcionamiento interno de todos los engranajes. ¡Simplemente asombroso!

No puedo ni imaginar la cantidad de horas, días y semanas que ha invertido en esta recreación virtual del calculador de Anticitera. ¡Un gran trabajo!

3.4 Todas las piezas del calculador

La cantidad de trabajo que varios grupos de investigadores han tenido que realizar durante muchos años, como mencioné en el capítulo 2, para descubrir el funcionamiento completo de este calculador ha sido enorme. Pero, sin duda, ¡aún quedan mecanismos por descubrir! Aunque podemos asegurar que ahora tienen una idea muy clara de todas sus funciones.

A través de la figura 3.13, creada por el equipo de Tony Freeth, podemos observar todo lo que contiene en su interior: una vista en tres dimensiones de todos sus elementos, así como la utilidad de muchos de ellos. Analice esta imagen, estimado lector, y prepárese para sentirse impresionado; sobre todo, al pensar en cómo los antiguos griegos pudieron tener tal nivel de conocimientos y qué tipos de herramientas y máquinas pudieron haber utilizado para fabricarlo.

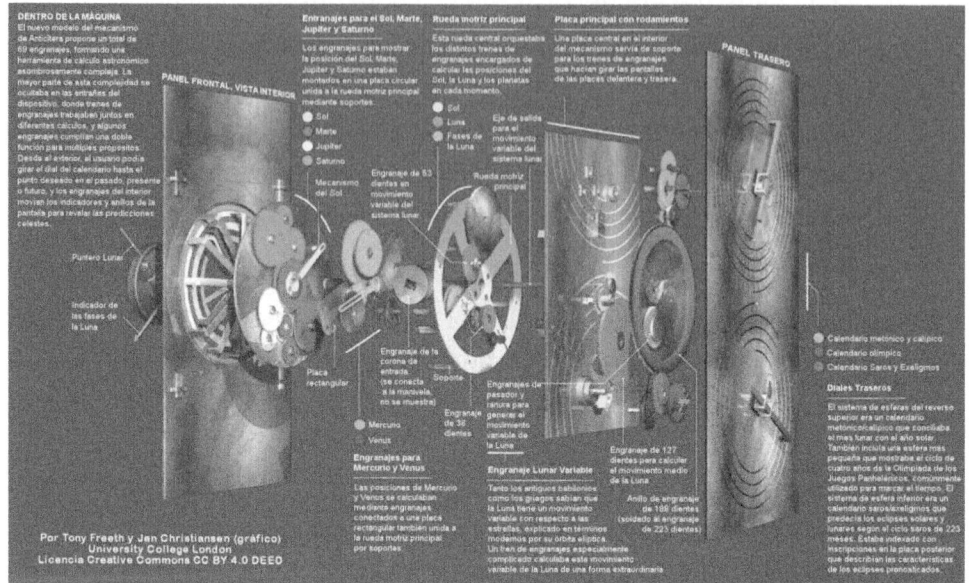

Figura 3.13: Todas las partes del Calculador de Anticitera
(Por Tony Freeth y Jen Christiansen (gráfico) University College London
Licencia Creative Commons CC BY 4.0 DEED)

Al igual que en apartados anteriores, les dejo el enlace y el código QR para que puedan acceder a esta figura 3.13 con una mayor resolución (también en color).

https://bit.ly/47XBbLl

Figura 3.14: Enlace

Al analizar esta imagen, podemos considerar lo siguiente:

1. Aunque solo se ha encontrado una tercera parte del calculador, compuesta por unos 30 engranajes, las inscripciones halladas permiten determinar que debía tener alrededor de 69 engranajes para poder llevar a cabo todas las funciones indicadas. Esto se puede observar en la parte superior izquierda de la imagen y dentro del apartado Dentro de la máquina.

2. Una de las cosas que más sorprendieron a los investigadores al analizar con rayos X uno de los fragmentos del calculador de Anticitera

fue un doble engranaje con un agujero y un pasador en su interior. Resulta que esto fue diseñado de esa manera para replicar exactamente la órbita de la Luna alrededor de la Tierra, cuya velocidad aumenta al acercarse y disminuye al alejarse. ¿Cómo pudieron descubrir hace 2200 años el movimiento elíptico preciso de la Luna? Además, ¿qué instrumentos utilizaron para determinar este comportamiento en la órbita lunar? En la figura 3.15 se pueden observar los engranajes (engranajes de pasador y ranura) que logran imitar de manera exacta este movimiento lunar.

Figura 3.15: Engranajes relacionados con el movimiento de la Luna

¡Aquí tenemos otra joya de engranajes! Si nos fijamos en la figura 3.16, veremos una pieza circular con un agujero rectangular en el centro, ideal para colocar el famoso mando de giro (que, por cierto, no aparece en esta imagen). ¡Pero eso no es todo! Esta pieza está conectada al engranaje motriz principal de 224 dientes. ¿Recuerdan esos dos engranajes que mencioné en la figura 2.6 del capítulo 2? ¡Exacto! Me refiero a las piezas A y W. Ahora, en la figura 3.16, podemos apreciar claramente a qué parte del calculador pertenecen estos dos engranajes. Solo hace falta comparar el fragmento original A con la increíble creación en 3D del talentoso equipo de Tony Freeth. ¡Es asombroso estos encajan a la perfección en el rompecabezas mecánico del calculador de Anticitera!

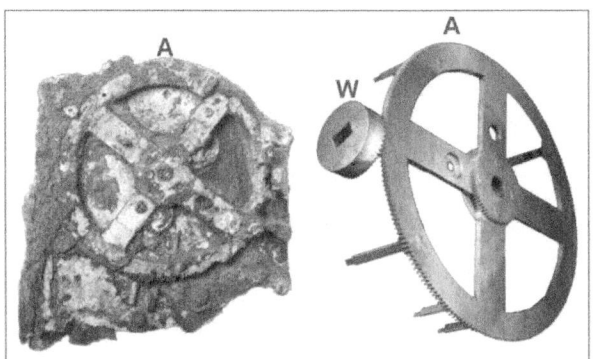
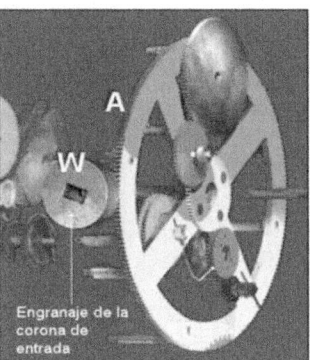

Figura 3.16: Los engranajes A y W dentro del calculador

Si ahora analizamos los textos que nos ilustran sobre las funciones de los conjuntos de engranajes en la figura 3.13, podemos descubrir el apasionante mundo de los cálculos matemáticos que se llevan a cabo para no solo determinar la posición de los planetas, el Sol y la Luna en relación a nuestra querida Tierra, sino también para predecir las fases lunares y los eclipses. ¡Vaya tarea complicada! Se necesita un conocimiento envidiable en geometría, álgebra, astronomía, mecánica, cinemática y más. ¡No es moco de pavo! Y eso no es todo, porque además se requieren habilidades y maquinaria especializada para fabricar esos engranajes diminutos y precisos. ¡Menuda proeza técnica, ¿no cree?!

En la época actual, donde nuestra tecnología está mucho más «avanzada» en comparación con la tecnología de hace más de 2200 años, resulta asombroso pensar que existiera un dispositivo como este calculador en aquel entonces. Ya le he mencionado todos los conocimientos necesarios para diseñar y hacer funcionar semejante artefacto en aquella época. ¡Todo un desafío intelectual y técnico! Además, hay que considerar que los que lo diseñaron y fabricaron debían tener un sólido dominio de matemáticas, física y astronomía para poder comprender el funcionamiento en detalle de este calculador.

3.5 Análisis básico y manejo de parte del calculador

Imagine por un momento la maravilla de combinar las matemáticas con el conocimiento astronómico para diseñar unos engranajes capaces de reproducir la posición del Sol y la Luna. ¡Es fascinante y emocionante a partes iguales! Resulta que los ciclos del Sol y la Luna prácticamente coinciden cada 19 años con respecto a la Tierra, tal y como se refleja en el asombroso calculador de Anticitera, como habíamos visto en un apartado anterior al definir el llamado ciclo metónico.

Para entender cómo se hace todo esto usando unos engranajes, lo explicaré de una forma muy sencilla y sin muchos cálculos.

1. Sobre los ciclos solares y lunares

El ciclo lunar sideral y el ciclo solar son dos conceptos relacionados con la medición del tiempo basados en los movimientos de la Luna y del Sol. A continuación, le explicaré en detalle cada uno de ellos y la duración de cada ciclo.

Ciclo lunar sideral: tiene que ver con el tiempo que tarda la Luna en completar una órbita alrededor de la Tierra con respecto a las estrellas fijas en el espacio. Este ciclo se mide en relación con las estrellas porque la posición de la Luna en relación con ellas se repite con mayor precisión que su posición en relación con el Sol.

La duración promedio del ciclo lunar sideral es de aproximadamente 27.3217 días, lo que se conoce comúnmente como un mes sideral. Sin embargo, es importante tener en cuenta que esta duración puede variar ligeramente debido a diversas influencias gravitacionales y perturbaciones en la órbita lunar.

Ciclo solar: se refiere al tiempo que tarda la Tierra en completar una órbita alrededor del Sol. Este ciclo es la base para medir el año y está estrechamente relacionado con las estaciones y los cambios climáticos en la Tierra. La duración promedio del ciclo solar (conocido también como año trópico o año solar) es de aproximadamente 365.2425 días. Sin embargo, para ajustar esta duración a nuestro calendario, se han establecido reglas y ajustes adicionales, como los años bisiestos, para mantenerlo alineado con el ciclo de las estaciones.

2. Sobre la relación entre estos dos ciclos

Es importante destacar que el ciclo lunar sideral y el ciclo solar no tienen una correspondencia exacta en términos de duración. Mientras que el ciclo lunar sideral es más corto, con una duración promedio de alrededor de 27.3217 días, el ciclo solar es más largo, con una duración promedio de aproximadamente 365.2425 días. Esta diferencia de duración es uno de los desafíos para sincronizar los calendarios lunares y solares utilizados en diferentes culturas y sistemas de tiempo.

3. ¿Cómo se sincronizan estos dos ciclos?

¿Alguna vez se ha preguntado cómo se sincronizan estos dos ciclos celestiales? Pues resulta que los antiguos griegos descubrieron algo realmente sorprendente: los 19 años solares (los ciclos del Sol) coinciden con 254 meses siderales o lunares (los ciclos de la Luna). ¡Es asombroso!

> Primero, vamos a calcular la duración en días de los ciclos solares: 19 años solares x 365.25 días/año solar = 6939.75 días solares.

> A continuación, calcularemos el número de meses siderales o lunares que caben en esos 19 años solares. Dividamos el total de días solares de 19 años entre la duración de un mes lunar: días solares de 19 años / días por mes lunar = 6939.75 / 27.3217 ≈ 254.0014 meses siderales de la Luna (prácticamente 254 meses).

Se ha demostrado matemáticamente que 19 años solares equivalen a 254 meses siderales o lunares. ¡Es el ciclo metónico en acción! ¡Y es, además, un testimonio del poder de las matemáticas y la observación en la antigüedad! Es importante que recuerde estos dos números: 254 y 19.

Después de analizar todo lo anterior, se puede preguntar: ¿qué relación tiene todo esto con unos engranajes de bronce de hace más de 2200 años?

Para poder entenderlo, primero debe saber cómo se pueden observar estos dos ciclos (los ciclos solar y lunar) cada 19 años en el calculador de Anticitera.

4. ¿Cómo se puede ver esto en el calculador de Anticitera?

Para empezar, quiero contarle que existen simuladores informáticos que nos permiten experimentar con réplicas virtuales de este calculador que han sido diseñados en base a las investigaciones realizadas por el equipo de Tony Freeth. De esta manera, cada uno puede verificar por sí mismo sus impresionantes funciones. Sin embargo, esto lo abordaremos más profundamente en un próximo capítulo, ya que por ahora solo me interesa que comprendan cómo usar los diales del frente del calculador, donde se muestran las posiciones del Sol y de la Luna con la Tierra en el centro.

4.1. Entendiendo el frontal del calculador del simulador de Anticitera

Veremos, a continuación, los resultados obtenidos por el simulador al introducir dos fechas separadas exactamente por 19 años, sin entrar en detalles todavía sobre cómo obtener el programa de simulación. Para entender las explicaciones que vienen a continuación, es necesario conocer algunas de las partes del frontal del calculador del simulador. En la figura 3.17, puede ver estas partes.

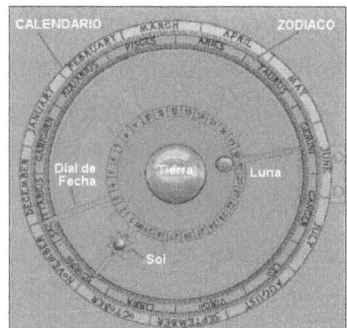

Figura 3.17: Partes del frontal del calculador

4.2. Fecha inicial junto con evento cósmico

Es necesario establecer una fecha inicial en el calculador para determinar los eventos cósmicos que se producirán 19 años después. Para poder observar cómo se sincronizan los ciclos solares y lunares cada 19 años, partimos de una fecha específica, que se puede obtener de Internet. Por ejemplo, el 2 de octubre de 1959 se produjo un eclipse de Sol que se pudo observar desde las Islas Canarias. ¿Fue este eclipse parcial o total?

a) Se coloca esta fecha en el simulador del calculador (en otro capítulo explicaré cómo se hace) y, por tanto, los diales del Sol, la Luna y de la fecha se moverán cada uno sobre un lugar determinado; por supuesto, el dial de la fecha se mueve sobre el 2 de octubre, según se puede ver en la figura 3.18.

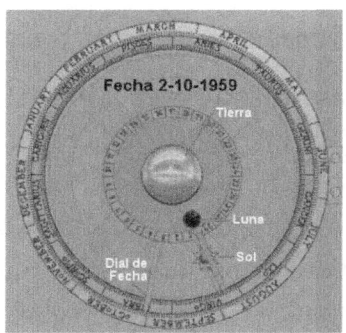

Figura 3.18: Posición de los astros el 2/10/1959

b) Al analizar la posición de los diales de la Luna y del Sol (está el dial de la Luna encima del dial del Sol) con respecto a la Tierra, según la figura 3.18, se puede observar que la Luna está en medio de la Tierra y del Sol. Por lo tanto, ¡este calculador muestra un eclipse solar en la fecha del 2 de octubre de 1959! Sin embargo, aún debemos determinar cómo fue este eclipse solar utilizando el ciclo de Saros (que muestra el tipo de eclipses, tanto lunares como solares), en la parte posterior del calculador.

c) Al observar el ciclo de Saros, según la figura 3.19, se puede notar que el dial está en una posición que indica L9 y S21 dentro de un recuadro. Estos textos con una numeración sugieren que se está produciendo un eclipse solar total o un eclipse lunar total. Por lo tanto, se puede determinar que el eclipse del 2 de octubre de 1959 fue un eclipse total del Sol.

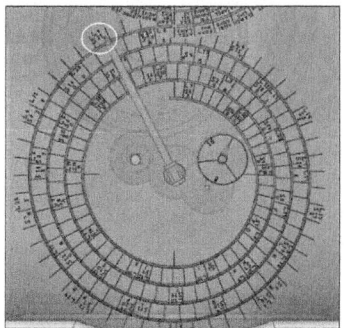

Figura 3.19: Posición de los astros el 2/10/1959

4.3. Fecha 19 años después y el mismo evento cósmico

Según todas las explicaciones sobre el ciclo metónico, 19 años después de la fecha del 2 de octubre de 1959, deberían repetirse los ciclos solares y lunares. Por tanto, ¡lo que viene a continuación le asombrará! Esto quiere decir que el 2 de octubre de 1978, el Sol y la Luna se encontraron en la misma posición con respecto a la Tierra y, por tanto, en aquella fecha se produjo otro eclipse solar. Para averiguar, al igual que antes, si fue total o parcial, hay que introducir esta nueva fecha en el simulador del calculador de Anticitera.

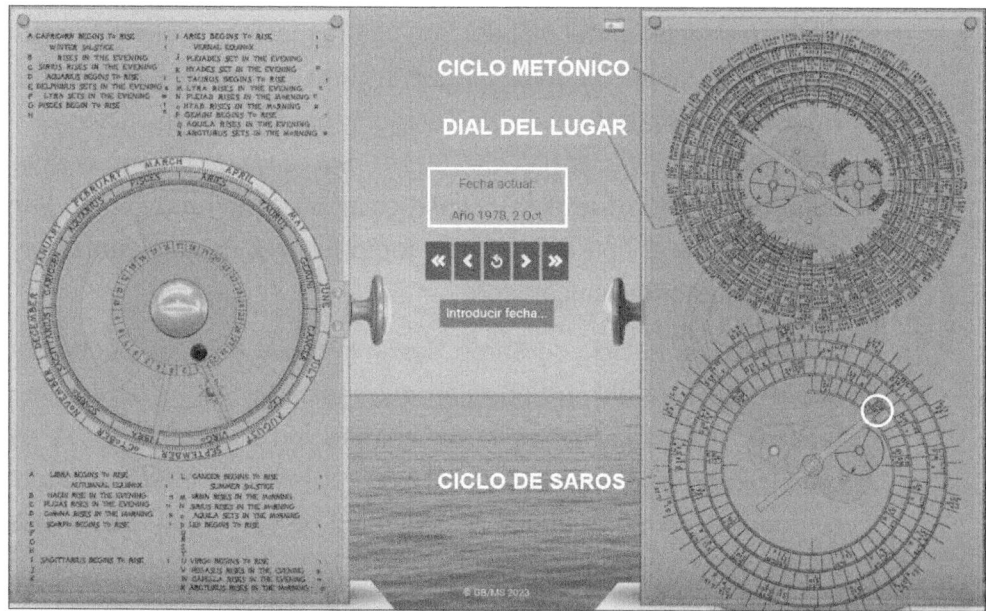

Figura 3.20: Tipo de eclipse el 2/10/1978

Al analizar la figura 3.20 con la nueva fecha, se pueden obtener las siguientes conclusiones:

a) La posición de la Luna y del Sol con respecto a la Tierra son las mismas que en la misma fecha de 1959.

b) También en 1978 se produjo un eclipse solar, pero, en este caso, al observar el tipo en el ciclo de Saros, se trató de un eclipse anular (y no total, como en 1959).

c) El eclipse total de Sol de 1959 se pudo ver en las Islas Canarias (analizando también el dial del lugar, que antes no había mencionado), pero este de 1978 no se pudo observar desde el mismo lugar porque el dial de este indicador está en otra posición diferente a la del año 1959.

d) En este simulador, el Sol solo gira 19 veces alrededor de la Tierra, mientras que la Luna lo hace 254 veces. Recuerde que en un apartado anterior le comenté que recordase estos dos números. Ahora sabe por qué. Más adelante, volveremos a trabajar con ellos.

e) La conclusión final después de este análisis es que el 2 de octubre de 1978 se produjo un eclipse anular solar que no se pudo ver desde España. Para averiguar si esto es cierto, lo único que hay que hacer es realizar esta consulta en Internet y podrá obtener la siguiente información: «El 2 de octubre de 1978 se produjo un eclipse solar parcial en el norte de Europa y en gran parte de Asia».

Esta información se pudo obtener de esta página web:
https://bit.ly/47VWME3

La idea final es que todo esto le ayude a comprender que, usando solo 8 engranajes (versión sencilla), es posible repetir los ciclos solares y lunares cada 19 años.

5. ¿Cómo solo 8 engranajes realizan esta función en el calculador?

Como acabo de indicar, se trata de una explicación que solo abarca la forma en que, usando solo estos 8 engranajes, es posible crear el ciclo metónico. O, lo que es lo mismo, según se puede ver mediante la simulación, repetir 19 giros del Sol alrededor de la Tierra (recuerde siempre que esta es la idea del geocentrismo que mencioné en el apartado 3.2 y en la que creían los griegos hace 2200 años), mientras que la Luna lo hace 254 veces.

En estas explicaciones no se tendrán en cuenta los engranajes que corrigen las anomalías en los ciclos lunares, así como de otro tipo; de esta forma, podrá entender cómo funciona esta parte del calculador.

Además, quiero realizar una aclaración para evitar posibles confusiones al partir de una idea errónea basada en el geocentrismo. La explicación correcta de cómo debería de funcionar esta parte del calculador en la época actual (heliocentrismo) sería: mientras que la Tierra gira 19 veces alrededor del Sol, la Luna, durante todos estos años, gira alrededor de la Tierra 254 veces. Esta sería la forma correcta de expresarlo en la actualidad, pero como estamos trabajando con el primer calculador del mundo, seguiré usando la idea del geocentrismo durante el resto de las explicaciones.

En la figura 3.21, puede ver cómo se conectan estos 8 engranajes entre sí, además de apreciar el engranaje principal **A** junto con el engranaje **W**, que permite que el mecanismo funcione a través del mando de giro. Recuerde que estos dos engranajes ya los pudimos ver en la figura 2.6 del capítulo 2.

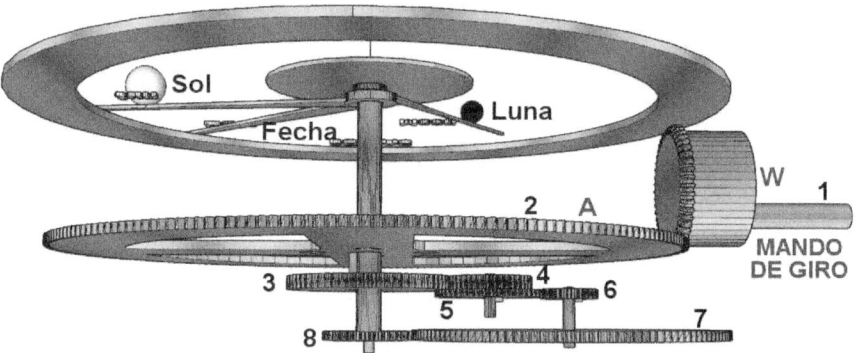

Figura 3.21: Engranajes para el cálculo de la posición de la Luna y el Sol

Quiero indicarle que en esta imagen cada engranaje tiene un número, no colocado al azar, sino en la dirección en la que se transmite el movimiento entre ellos. Es decir, el engranaje número 1 es aquel que permite moverlo todo; el engranaje 2 mueve el dial o indicador de la posición del Sol junto con el indicador de la fecha; y el último engranaje, el número 8, mueve el dial de la posición de la Luna.

Ahora que conoce el lugar donde se encuentra el engranaje principal y cómo se transmite el movimiento entre ellos, seguro que estará pensando lo mismo que yo cuando vi esta imagen por primera vez: ¡no entiendo absolutamente nada! En serio, es increíble cómo solo con 8 engranajes se pueden sincronizar los ciclos de la Luna y del Sol cada 19 años (sí, hablamos de geocentrismo). ¡Es algo increíble!

Pero no se preocupe, no pretendo asustarle con esto. Todo lo contrario, en el siguiente capítulo le explicaré de una forma sencilla, y sin necesidad de tener conocimientos previos sobre engranajes, cómo funciona este increíble mecanismo.

3.6 Práctica 3: usted podrá ser un investigador

¡Tengo una propuesta fascinante para usted! ¿Le gustaría sumergirse en la piel de un investigador y descubrir de qué partes está compuesto el fragmento principal de este increíble calculador llamado **A**? Vamos a hacerlo utilizando un modelo interactivo en tres dimensiones, tal como le propuse al final de la práctica 2 en el capítulo 2 (2.8 Práctica 2: modelo 3D interactivo del fragmento A). Pero aquí la emoción será aún mayor, ya que podrá explorar el fragmento original y, al igual que el historiador de la ciencia Derek J. de Solla Price en los años 50, podrá realizar la restauración de varios de los engranajes de este fascinante calculador.

El propósito de esta práctica es que pueda relacionar este fragmento con la parte que le permitirá manipularlo para observar cómo trabaja de acuerdo con las funciones que describí en el capítulo anterior. Además, obtendrá una visión más clara de cómo será su funcionamiento a un nivel básico.

Imagínese, será como un detective tecnológico, desentrañando los secretos de este antiguo artefacto. Todo lo que necesita es su curiosidad y el modelo interactivo en 3D con vistas que he creado para usted.

Así que vamos allá, siga las siguientes instrucciones:

Paso 1: tendrá que acceder al modelo en tres dimensiones para, después, comenzar su investigación. Puede hacerlo a través del enlace proporcionado https://bit.ly/483iHcH o a través del código QR adjunto:

Figura 3.22: Enlace

Paso 2: al igual que sucedió en la práctica número 2, se abrirá el mismo fragmento **A** en la ventana del visor 3D *online*. Por cierto, deberá esperar un poco hasta que el modelo aparezca.

Paso 3: ahora, para comenzar a estudiar este fragmento, presione sobre la flecha que aparece en la parte central de la esquina derecha de la ventana <.

Paso 4: si lo ha hecho correctamente, a continuación deberá presionar sobre el icono de la claqueta de cine de la parte superior de la barra de iconos que ha aparecido a la derecha.

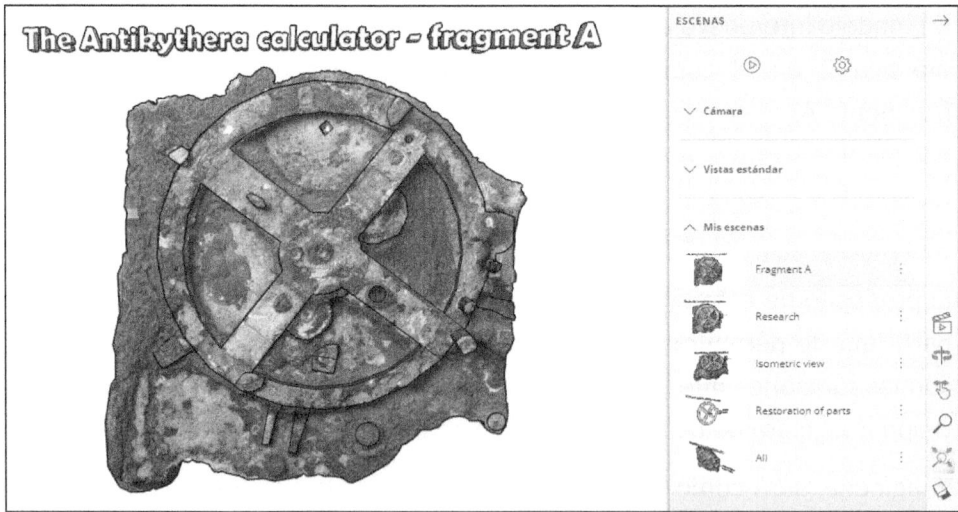

Figura 3.23: Investigación virtual 3D interactiva

Paso 5: casi hemos terminado. Ahora presione sobre el texto de la nueva ventana que se abre, Mis escenas, figura 3.23.

Paso 6: justo debajo de estas líneas, encontrará un recuadro desplegable con cinco imágenes, a la derecha de la figura 3.23. Estas representan diferentes escenas sobre el estudio del fragmento. Cada una de ellas viene acompañada de un texto en inglés que nos guiará en nuestra investigación. Ahora, es el momento de sumergirse en estas imágenes para entrar en cada escena y explorar cada detalle. Recuerde seguir el orden en el que aparecen para una experiencia más fluida. ¡Vamos allá!

1. *Fragment A* (**Fragmento A**): aquí encontrará una imagen del fragmento principal tal y como lo vimos en la práctica 2. Será nuestro punto de partida en esta fascinante exploración.

2. *Research* (**Investigación**): esta imagen abrirá una escena que nos ayudará a descubrir algunos de los engranajes y cómo se conectan entre sí. Prepárese para desentrañar un pequeño misterio de este complejo mecanismo.

3. *Isometric view* (**Vista isométrica**): ¡es hora de cambiar de perspectiva! En esta imagen, obtendremos una visión en 3D de las piezas mencionadas anteriormente. Así podremos apreciar mejor su forma y su estructura.

4. *Restoration of parts* (**Restauración de piezas**): ¿listo para convertirse en un verdadero arqueólogo tecnológico? Esta imagen nos llevará a la emocionante tarea de restaurar algunas de las piezas del calculador. ¡Sienta la emoción de descubrir y reconstruir!

5. *All* (**Todo**): desde esta escena, podremos observar todo el conjunto con mayor detalle, ¡partiendo desde el fragmento original! Será como tener una vista panorámica de todo el escenario.

Por cierto, ¡déjeme invitarle a pulsar el botón con un círculo y un triángulo (botón de *play*) en la esquina superior derecha de esta ventana! Creo que le sorprenderá lo que sucederá cuando lo haga.

Y ahora, antes de que continuemos nuestra aventura en el siguiente capítulo, me gustaría plantearle una pregunta intrigante: ¿se ha preguntado qué otras piezas que no han sido restauradas aparecen en este entorno virtual en 3D? Y, más importante aún, ¿dónde puede ver estas piezas perdidas en ese fragmento A?

CAPÍTULO 4 – ENGRANAJES, MATEMÁTICAS Y ASTRONOMÍA

Como al comienzo de los capítulos anteriores, puede entrar en la web de Marcombo y buscar, en la tabla de los recursos, el vídeo con el nombre «Vídeo de introducción al capítulo 4»:

1. Entre en la página web de Marcombo: http://www.marcombo.info/

2. Una vez dentro, deberá escribir GRECIA27 en el recuadro de Introduce el código promocional y presionar el botón de Aceptar.

Figura 4.0

La principal razón que me impulsó a escribir este libro fue el asombro que, sentí al descubrir que hace más de 2100 años, los antiguos griegos lograron crear un calculador capaz de desentrañar los misterios astronómicos y realizar diversas funciones sin contar con los recursos tecnológicos de los que disponemos en la actualidad. ¡Es impresionante! Esto demuestra que su comprensión de los engranajes y de la astronomía era mucho más avanzada de lo que habíamos imaginado.

Figura 4.1: Engranajes, matemáticas y astronomía

Y ahora surge la pregunta: ¿cómo se relacionan estos engranajes con los conocimientos astronómicos usando las matemáticas? Para ser sincero, no tengo una formación previa en mecánica, ya que siempre me he dedicado a la electrónica y la informática. Pero eso es precisamente lo que me emociona de este proyecto: la oportunidad de aprender sobre la mecánica y descubrir cómo funcionan estos ingeniosos mecanismos.

Al desarrollar este capítulo, mi enfoque principal ha sido explicarme a mí mismo cómo lograron diseñar tan solo una pequeña parte de este asombroso calculador. Por supuesto, existen otras formas de realizar esta explicación, especialmente si quien la realiza posee un conocimiento más profundo en mecánica, astronomía y matemáticas, así como en otras materias que intervinieron en su estudio, diseño y construcción. Mi intención final no es brindar una explicación exhaustiva, sino presentar una visión general para evitar que se convierta en una redacción larga y tediosa.

Así que prepárense para adentrarse en el fascinante mundo de estos antiguos ingenieros y descubrir cómo lograron crear un calculador tan sorprendente. Aunque no seamos expertos en mecánica, juntos exploraremos los conceptos básicos y nos maravillaremos con los avances increíbles que realizaron. ¡Empecemos este apasionante viaje!

4.1 Utilización de engranajes para realizar cálculos matemáticos

Antes de embarcarnos en la investigación sobre la utilización de engranajes que permitan determinar la posición del Sol y de la Luna, tal como se muestra en la figura 3.21 del apartado 3.4 (Todas las piezas del calculador), creo que es importante explicar qué es un engranaje.

Déjeme contarle algo: cuando me encontré por primera vez con este asombroso calculador de Anticitera, me di cuenta de que necesitaba entender cómo funcionaban los engranajes. Y sé que muchos de ustedes pueden estar en la misma situación, sin conocimientos previos sobre estos ingeniosos mecanismos. Les explicaré de manera sencilla y amena cómo funcionan y cómo se utilizan para hacer simples operaciones matemáticas.

¿Qué es un engranaje?

Imagine un engranaje como una rueda con dientes cortados en su borde exterior. Estos dientes están diseñados de manera precisa para encajar perfectamente con los dientes de otro engranaje. ¡Es como un rompecabezas mecánico! Cuando los dientes de un engranaje se enganchan con los dientes del otro, ocurre algo mágico: el movimiento y la fuerza se transmiten de un engranaje a otro y, además, lo hacen en un sentido determinado.

Figura 4.2: Engranajes

Es como si estuviéramos en una pista de baile, y cada pareja de engranajes fuera una pareja de bailarines expertos. Cuando uno da un paso, el otro le sigue el ritmo a la perfección. Esta sincronización coreografiada permite que el movimiento y la fuerza fluyan a través de la maquinaria de manera eficiente y precisa.

¡Pero eso no es todo! Los engranajes son los héroes silenciosos de la tecnología. Los encontramos en todas partes, desde nuestros relojes analógicos, donde trabajan diligentemente para hacer que las manecillas se muevan con precisión, hasta nuestros automóviles, donde transmiten el poder del motor a las ruedas para llevarnos a toda velocidad. Sin los engranajes, nuestras máquinas no podrían funcionar de manera eficiente y efectiva.

Así que, querido lector, los engranajes son mucho más que simples ruedas dentadas. Son los bailarines que mantienen el ritmo de la maquinaria, los maestros del movimiento y de la fuerza. Son los verdaderos héroes de la tecnología, que trabajan en equipo para hacer que todo funcione sin problemas.

¿Cómo usar engranajes para realizar cálculos matemáticos?

Imagínese que tiene dos engranajes: uno grande y otro pequeño, y que están conectados entre sí, como los que aparecen en la figura 4.2. Cada uno tiene una serie de dientes en su circunferencia. Ahora, cuando gira uno de los engranajes, el movimiento se transmite al otro a través de los dientes, lo que hace que el engranaje pequeño gire más rápido que el grande, a diferentes velocidades, dependiendo de la relación entre sus tamaños.

Aquí viene la parte emocionante: al establecer relaciones precisas entre los tamaños de los engranajes, podemos realizar cálculos matemáticos. Por ejemplo, si el engranaje grande tiene 60 dientes y el pequeño tiene 20, cada vez que el engranaje grande gire una vez completa, el engranaje pequeño habrá girado tres veces. Esto establece una relación de 1:3 entre las velocidades de giro.

Ahora, imagine que en uno de los engranajes tenemos marcadas diferentes divisiones o números. Al girar los engranajes en la combinación adecuada, podemos realizar operaciones matemáticas como sumas, restas, multiplicaciones e incluso divisiones. ¡Es como tener una calculadora mecánica en nuestras manos!

Además, si combinamos varios engranajes conectados entre sí, podemos realizar cálculos más complejos. Podemos transferir el movimiento y los números a través de los engranajes, creando una secuencia de operaciones matemáticas que se resuelven automáticamente.

¡Increíble, ¿verdad?! Los engranajes nos permiten realizar cálculos de manera mecánica, mucho antes de la era de las calculadoras electrónicas. Y el calculador de Anticitera es un ejemplo impresionante de cómo los antiguos griegos utilizaron estos engranajes para realizar cálculos astronómicos precisos.

4.2 Engranajes para sincronizar los ciclos del Sol y de la Luna

Después de haber explorado todo lo que hemos visto hasta ahora, con el objetivo de mejorar las explicaciones, examinaremos un ejemplo práctico basado en el estudio realizado en el apartado «¿Cómo solo 8 engranajes realizan esta función en el calculador?», del apartado 3.5 (Análisis básico y manejo de parte del calculador). Veremos cómo se puede utilizar esta tecnología en conjunto con la astronomía. Durante este estudio inicial, se logró calcular que 19 años solares equivalen a 254 meses lunares. En otras palabras, para sincronizar los ciclos del Sol y la Luna, cuando el Sol complete 19 vueltas alrededor de la Tierra (según el modelo geocéntrico), la Luna también lo hará exactamente 254 veces, logrando así la sincronización de ambos ciclos. Los antiguos griegos se dieron cuenta de que podían reproducir fielmente cada uno de estos ciclos celestiales utilizando engranajes.

Entonces, ¿cómo se puede hacer esto? Primero, se utiliza un engranaje de 254 dientes. A continuación, se coloca un eje en el centro de este engranaje. En el otro extremo del eje, se sitúa un dial que sostiene una esfera amarilla que representa al Sol, así como la bola azul en el centro representa a la Tierra.

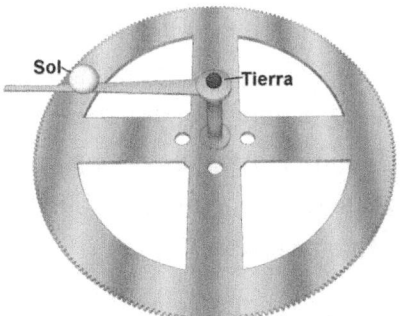

Figura 4.3: Engranaje del Sol

¡Ah, una pregunta intrigante! Al ver que la esfera que representa el Sol se monta sobre un engranaje de 254 dientes, es natural preguntarse: ¿por qué no utilizar este engranaje para representar la Luna en lugar del Sol? Permítame explicarle la razón de esta elección de manera clara y divertida. Resulta que el Sol se monta sobre un engranaje con exactamente 254 dientes, ¡el mismo número de vueltas que la Luna debe dar mientras orbita alrededor de nuestra Tierra para sincronizarse con los 19 ciclos solares (es decir, este engranaje deberá de girar 19 veces)! Siguiendo este ingenioso razonamiento, necesitamos agregar otro engranaje más pequeño con 19 dientes, un eje y un dial que sostengan una esfera que represente a la Luna. En la siguiente figura 4.4, podrá apreciar este asombroso montaje.

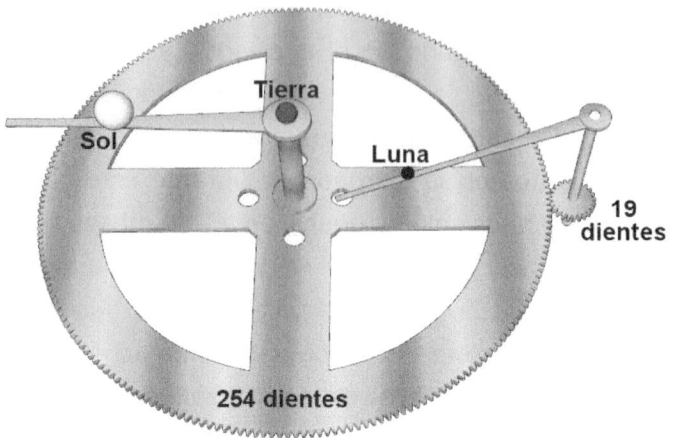

Figura 4.4: Engranajes para sincronizar los ciclos del Sol y de la Luna

¡Imagine el espectáculo visual! Con estos ingeniosos engranajes, el Sol y la Luna están perfectamente representados en su danza cósmica. El engranaje de 254 dientes gira con majestuosidad, guiando al Sol en su recorrido, mientras que el engranaje de 19 dientes se encarga de mantener a la Luna en sincronía, permitiéndole dar las 254 vueltas necesarias para mantener el ritmo celestial.

Para entender mejor todo esto, es necesario tener en cuenta lo que se conoce como «relación de transmisión». Esta relación indica que, por cada vuelta completa del engranaje grande, el engranaje pequeño dará aproximadamente 13.37 vueltas completas. Es decir, la relación matemática entre estos engranajes es de aproximadamente 1:13.37.

Para calcular esta relación, se divide el número de dientes del engranaje grande entre el número de dientes del engranaje pequeño. En este caso, 254 dividido por 19 nos da aproximadamente 13.37. Aquí hay que tener en cuenta que el movimiento siempre se transmitirá del engranaje grande al pequeño y no al revés.

Ahora ya sabemos que por cada vuelta del engranaje de 254 dientes (un año solar) el engranaje pequeño girará 13.37 vueltas. Por lo tanto, cuando el engranaje grande gire 19 veces (ciclos solares), el engranaje pequeño que sostiene el dial de la Luna girará 254 veces (ciclo lunares). Esto se demuestra a continuación:

Ciclos lunares = Relación transmisión x n.º vueltas engranaje grande

Ciclos lunares = 13.37 x 19 = 254 vueltas alrededor de la Tierra

Como puede ver, ya hemos descubierto cómo sincronizar los 19 años del Sol con los 254 meses de la Luna utilizando dos simples engranajes. De esta manera, cada vez que se produzca un evento cósmico, podemos utilizar estos ciclos para saber cuándo se volverá a producir.

¿Está resuelto el problema? Por supuesto que no, ya que este montaje de la figura 4.4 presenta varios errores:

- La Luna no está girando alrededor de la Tierra como lo hace el Sol.

- La Luna y el Sol no giran en el mismo sentido.

- No aparecen textos que permitan determinar las fechas en las que se sincronizan estos ciclos.

- Al utilizar un engranaje con 254 dientes y otro adyacente de 19 dientes, el montaje sería muy grande, además de no funcionar correctamente debido a lo indicado en los puntos 1 y 2.

Podría preguntarse: entonces, ¿cómo se solucionan estos problemas? Explicar en detalle cómo se hace sería muy extenso, incluso sin tener en cuenta la anomalía de la Luna al girar alrededor de la Tierra. Pero no se preocupe, en el siguiente apartado le indicaré cómo los antiguos griegos solucionaron estos problemas.

4.3 Cómo los griegos sincronizaron los ciclos solares y lunares

En el apartado anterior, vimos que sincronizar los 19 años solares con los 254 meses lunares usando solo dos engranajes era como tratar de encajar un elefante en un sombrero: ¡imposible! Pero los antiguos griegos encontraron una solución ingeniosa y aquí estoy para contársela.

La clave de este enigma reside en la relación de transmisión, esa fórmula mágica que nos permite sincronizar los movimientos celestiales. Los sabios griegos calcularon que la relación de transmisión de 254/19 (¡13.37!) sería la clave para resolver este desafío cósmico. Además, tuvieron en cuenta estos dos puntos clave:

- Que tanto el Sol como la Luna deberán girar alrededor del Sol.

- Que los engranajes utilizados no tengan muchos dientes para que el montaje final no sea muy grande. ¡Nadie quiere un mecanismo celestial gigante que ocupe todo el espacio! Los antiguos griegos encontraron el equilibrio perfecto entre el tamaño y la funcionalidad.

Entonces, ¿cómo lograron resolver este problema? La explicación es muy interesante y asombrosa a la vez. Consistió en combinar tres juegos de engranajes (un total de seis engranajes) con diferentes relaciones de transmisión para conseguir finalmente la relación 254/19 o 13.37. Además, utilizaron dos ejes concéntricos (uno dentro del otro), uno para el Sol y otro para la Luna, de manera que ambos girasen alrededor de la representación de la Tierra.

Ya sé que esta explicación le puede resultar un tanto confusa y complicada; le recomiendo que repase el punto 5 «¿Cómo usar solo 8 engranajes para esta función del calculador?» del apartado 3.5 (Análisis básico y manejo de parte del calculador), junto con la figura 3.21, porque en ella me voy a basar para continuar.

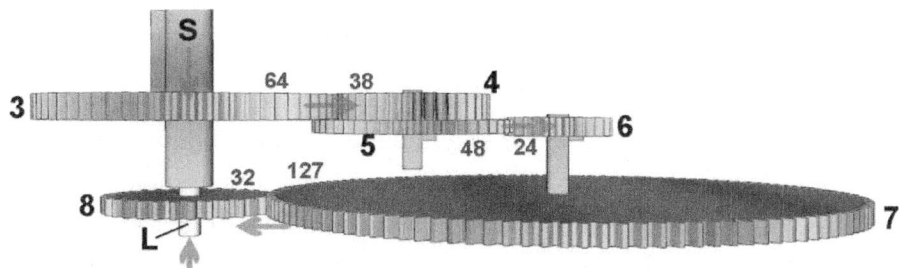

Figura 4.5: Engranajes para sincronizar los ciclos del Sol y de la Luna

De los 8 engranajes de la figura 3.21, solo vamos a estudiar los 6 últimos, ya que en la figura 4.5 puede ver cómo se combinan para conseguir solucionar los dos problemas indicados con anterioridad, menos la anomalía de la orbita lunar alrededor de la Tierra.

Primero, analizaremos la combinación de los tres pares de engranajes, teniendo en cuenta que la relación entre los dientes de los engranajes que están juntos deberá ser siempre en la dirección del movimiento (indicado mediante las flechas):

N.º ENGRANAJE	N.º DE DIENTES	RELACIÓN ENTRE ELLOS
3	64	R1 = 1.68
4	38	
5	48	R2 = 2
6	24	
7	127	R3 = 3.9687
8	32	

Segundo, ¿cómo se consigue la relación 254/19 que se necesita para sincronizar los ciclos solares y lunares a partir de estas tres relaciones? A través de la siguiente ecuación:

La relación final = R1 x R2 x R3 = 1.68 x 2 x 3.9687 = 13.33, que es lo mismo que 254/19.

Ahora puede apreciar el alto nivel de conocimientos matemáticos y de mecánica que poseían los antiguos griegos.

A continuación, le invito a observar el giro del eje S en la figura 4.5. Este eje comienza la danza al mover el engranaje de 64 dientes, también conocido como el número 3. ¡Es como el director de orquesta de nuestra sinfonía celestial! Además, el eje S también tiene la tarea de mover el indicador del Sol, como pueden apreciar en la figura 3.21.

Ahora, mantenga sus ojos bien abiertos mientras seguimos el ritmo. El engranaje número 3, al girar, transmite su energía a los engranajes 4 y 5, que están unidos en el mismo eje. ¡Es como si estos engranajes fueran los compañeros de baile perfectos! Juntos, se encargan de mantener el movimiento en armonía.

Pero este estudio no termina ahí. El engranaje número 5, en su elegante ronda, transmite el movimiento a los engranajes 6 y 7 al mismo tiempo. ¡Son como los bailarines sincronizados de nuestra coreografía celestial! Estos engranajes giran alrededor de sus centros en perfecta sintonía.

Y, finalmente, llegamos al clímax de este *ballet* celestial. El engranaje número 7 transmite su energía al engranaje 8, que está unido al eje L. ¡Es como si estuviéramos pasando el testigo a la siguiente estrella en la pista de baile! Este eje L en movimiento es responsable de hacer girar el indicador de la Luna. ¡Qué espectáculo deslumbrante!

Así es como se despliega este increíble movimiento. Los ejes S y L son concéntricos, lo que significa que giran alrededor del mismo centro que representa a nuestra Tierra. Es como si estuviéramos presenciando un deslumbrante festival de fuegos artificiales celestiales, donde los engranajes y los indicadores bailan al son de la tecnología y la astronomía.

Espero que esta explicación amena y divertida les haya permitido comprender cómo se produce este maravilloso baile de engranajes celestiales.

¡Ah, querido lector! Permítame confesarle algo. En toda esta explicación, hay algo que no funciona correctamente. ¿Se ha dado cuenta? Si no es así, no se preocupe. En el siguiente apartado de este capítulo, desvelaré este misterio.

4.4 Solucionando problemas

Me imagino que no recordará los cuatro problemas mencionados en el apartado 4.2 (Engranajes para sincronizar los ciclos del Sol y de la Luna), los cuales había que solucionar para que todo funcionase correctamente:

1. La Luna no está girando alrededor de la Tierra como lo hace el Sol.

2. La Luna y el Sol no giran en el mismo sentido.

3. No aparecen textos que permitan determinar las fechas en las que se sincronizan estos ciclos.

4. Al utilizar un engranaje con 254 dientes y otro adyacente de 19 dientes, el montaje sería muy grande y no funcionaría correctamente debido a lo indicado en los puntos 1 y 2.

Bien, los problemas 1 y 4 han quedado solucionados: el Sol y la Luna giran alrededor de la Tierra y, además, ahora el montaje no será muy grande en cuanto a su anchura. El problema de que no aparezcan los textos para conocer las posiciones de los astros se solucionará más adelante, pero queda algo por arreglar. Para que pueda entenderlo, le invito a analizar detalladamente la figura 4.6, donde podrá ver el sentido de giro de cada engranaje, así como los indicadores de la posición del Sol, la fecha y la Luna.

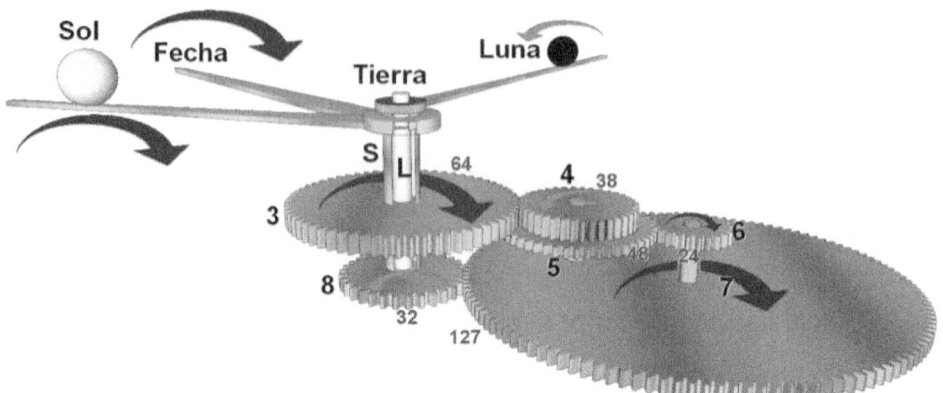

Figura 4.6: Sentido de giro de los engranajes

En esta imagen, se puede apreciar mejor cómo el eje S está unido al indicador del Sol y de la fecha, así como también al engranaje número 3 de 64 dientes. El giro tanto del Sol como del indicador de la fecha será en el sentido de las agujas del reloj, tal y como se puede ver con las flechas de color azul (color negro).

¿Se ha dado cuenta de lo que sucede? La Luna gira en sentido contrario (flecha de color rojo o de color gris). Esto se debe a cómo dos engranajes unidos por sus dientes funcionan entre sí: mientras el engranaje número 3 gira en un sentido, su engranaje adyacente, el número 4, lo hará en sentido contrario (indicado por la flecha roja o negra). Al hacerlo en sentido contrario, el número 4 también hará que el engranaje 5, que está unido a su eje central, gire al revés, lo que a su vez hará que los engranajes 6 y 7 giren correctamente. Pero ahora surge un problema: el engranaje 7 de 127 dientes moverá en sentido contrario al engranaje número 8 de 32 dientes, el cual está unido al eje L, que mueve el indicador de la Luna. Por tanto, este girará en sentido contrario al del indicador de la posición del Sol y de la fecha.

¿Cómo solucionaron los antiguos griegos este problema? Lo hicieron de una forma muy sencilla: añadiendo dos engranajes más de 32 dientes cada uno. En la figura 4.7, puede ver cómo lo hicieron.

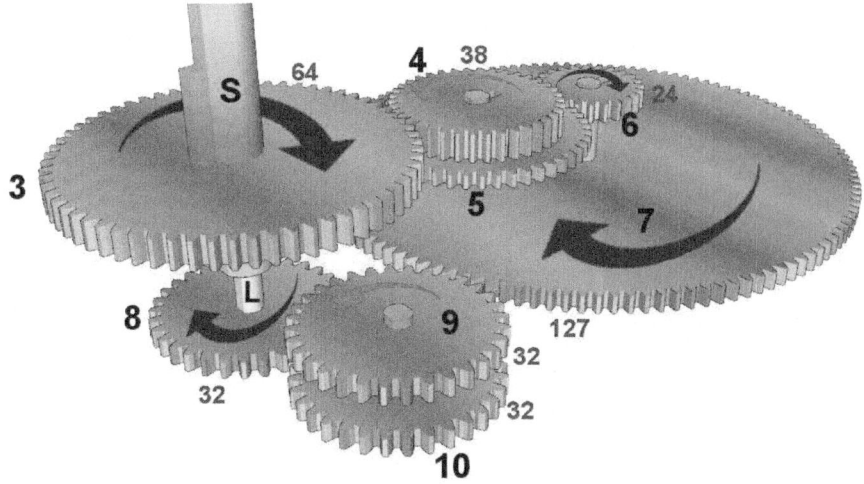

Figura 4.7: Dos engranajes más para solucionar el sentido de giro de la Luna

Añadieron dos engranajes más, los números 9 y 10, de 32 dientes cada uno. Al tener los mismos dientes, la relación cíclica no varía, por lo que la relación final entre los ciclos solares y lunares sigue siendo de 254/19. Observe cómo el engranaje número 7 ahora no está unido directamente al engranaje número 8, que mueve el eje L, el indicador de la posición de la Luna, sino directamente al número 9. De esta forma, el sentido de giro del engranaje 7 y 8 será el mismo, tal y como puede ver mediante las flechas azules (negras).

Lo último que hay que solucionar es la colocación de los textos que permitirán determinar la posición de Sol y de la Luna. Los antiguos griegos lo hicieron de la siguiente forma: colocaron un indicador para mostrar la fecha del calendario lunisolar (los ciclos de 19 años y 254 meses), así como también los signos del zodiaco.

Para que lo pueda entender mejor, no usaré el calendario lunisolar sino el calendario gregoriano. Tampoco explicaré cómo se coloca el indicador de la fecha, que está unido al mismo eje que mueve el indicador del Sol (eje S de las figuras 4.6 y 4.7).

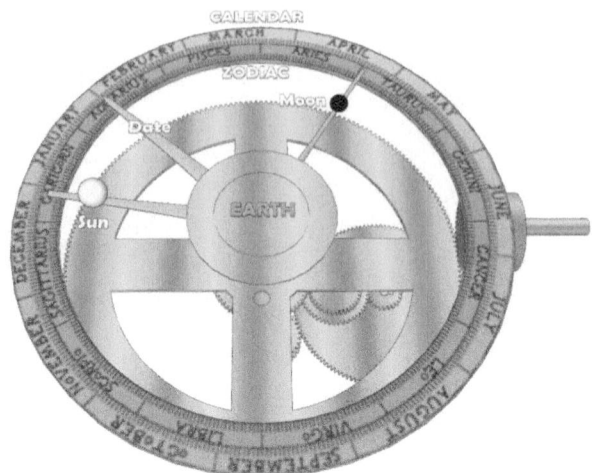

Figura 4.8: Indicadores de posición y calendario

En esta figura 4.8, se puede observar que la fecha indicada es el 1 de febrero (aunque falta especificar el año), así como la posición del Sol y de la Luna con respecto al centro, que es la Tierra.

Ahora me gustaría que pudiera ver todos los engranajes juntos: los ocho que estudiamos en el capítulo 3, junto con los dos nuevos engranajes, así como los indicadores de posición y el calendario. Lo puede ver en la siguiente figura.

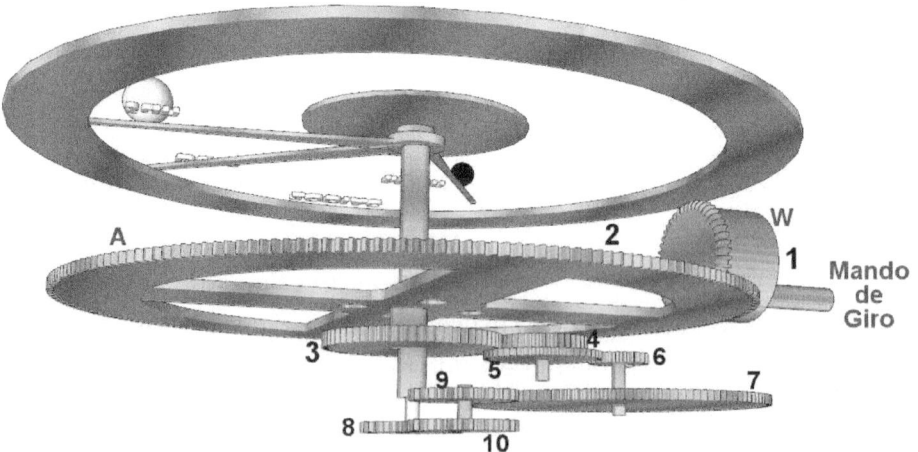

Figura 4.9: Estructura para sincronizar los ciclos lunares y solares

Ahora le pido que analice detalladamente la figura 4.9. ¿Se ha percatado de cómo se mueve todo el mecanismo para determinar la posición del Sol y de la Luna? Debo explicarle que el engranaje número 2, nuestro famoso fragmento A, está unido al mismo eje que el indicador del Sol, a la fecha y también al engranaje 3, al eje S. De manera que, al mover el mando de giro, el engranaje 1 moverá el engranaje 2 y este, a su vez, moverá los indicadores antes mencionados, y también el engranaje 3; todos girarán en el mismo sentido. Luego, como le expliqué en el apartado anterior, a través del resto de los engranajes, también se podrá girar el indicador de la Luna en la misma dirección que el resto de los indicadores. En resumen, de esta forma se logrará sincronizar los ciclos del Sol y de la Luna, de 19 años y 254 meses respectivamente usando 10 engranajes.

¡Ah, estimado lector! Comprendo perfectamente que ya esté un tanto abrumado con la cantidad de engranajes y cálculos matemáticos que hemos explorado juntos. Es hora de darle un respiro; pero antes, permítame mencionar un último detalle crucial: cómo corregir la peculiaridad del movimiento lunar alrededor de la Tierra. No se preocupe, no me extenderé demasiado en esta explicación. ¡Le prometo que no lo haré ahora ni en los próximos capítulos!

Por lo tanto, antes de seguir adelante, debo indicarle cómo se soluciona el problema que acabo de mencionar: el número total de engranajes, incluyendo aquellos que corrigen la anomalía en el movimiento lunar, asciende a 15. ¡Se corrige con 4 engranajes más y un pasador!

Quizás ahora tenga una idea de la cantidad de páginas que necesitaríamos para abordar todas las funciones de los 69 engranajes, que se muestran en la figura 3.13, teniendo en cuenta que he necesitado muchas páginas para explicar una pequeña parte del funcionamiento del calculador de Anticitera.

Así que respire hondo y prepárese para seguir explorando este apasionante mundo. Puede estar seguro de que, en el siguiente capítulo, disfrutará aún más aprendiendo a manejar este calculador.

4.5 Práctica 4: estudio detallado en 3D de la estructura

¡Muy bien! Ahora que ha adquirido conocimientos sobre la fascinante sincronización de los ciclos solares y lunares, utilizando esos maravillosos 10 engranajes, es hora de sumergirnos en un viaje interactivo a través de un modelo 3D. ¿Recuerda la práctica número 3 del capítulo anterior? Pues bien, vamos a explorar todos esos engranajes en detalle, ¡y de una forma amena y divertida!

El objetivo principal de esta práctica es que pueda visualizar e interactuar paso a paso con cada una de las partes relacionadas con la sincronización de los ciclos solares y lunares, tal como se explica en los apartados anteriores. Le brindaré acceso a diferentes escenas que le permitirán, por ejemplo, observar qué engranajes están conectados entre sí junto con un eje que mueve los indicadores de posición del Sol y de la fecha. ¡Prepárese para una experiencia tecnológica emocionante!

Paso 1: utilice el texto del enlace proporcionado o el código QR que se muestra aquí para abrir el modelo 3D en su dispositivo informático.

Enlace: https://bit.ly/41kzSEs

Figura 4.10: Enlace

Paso 2: se abrirá una ventana con un logotipo y deberá esperar un poco hasta que el modelo aparezca.

Paso 3: una vez cargado el modelo, presione sobre la flecha que aparece en la parte central de la esquina derecha de la ventana: <.

Paso 4: a continuación, deberá presionar sobre el icono de la claqueta de cine de la parte superior de la barra de iconos que ha aparecido a la derecha.

Paso 5: por último, presione sobre el texto de la nueva ventana que se abre Mis escenas.

Paso 6: si ha llegado hasta aquí, debería ver un recuadro desplegable que contiene 7 imágenes, junto con un texto en inglés que las describe. Ahora podemos comenzar a explorar cómo está construida esta parte del calculador de Anticitera para sincronizar los dos ciclos, solares y lunares. Para hacerlo correctamente, deberá acceder a cada escena en el orden en que aparecen las imágenes, comenzando por la parte superior y continuando hacia abajo.

En la figura 4.11 puede ver la primera escena, que aparece junto con el recuadro a la derecha, que contiene el resto de escenas.

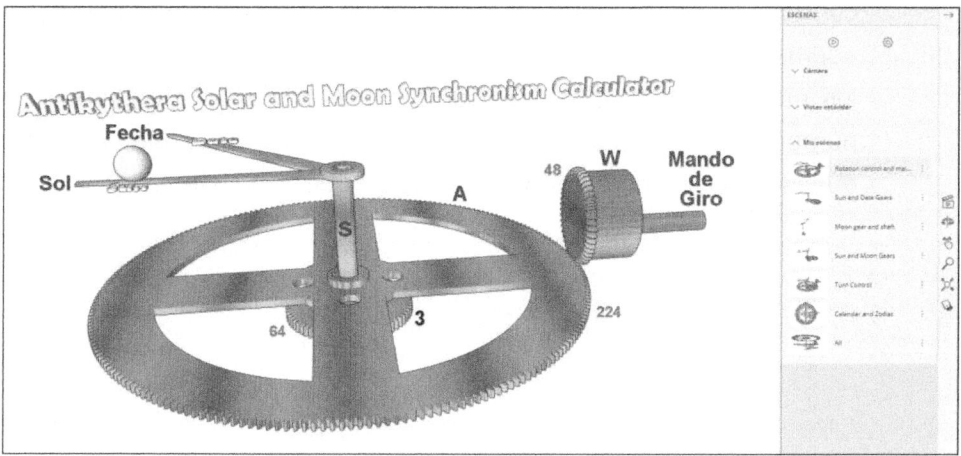

Figura 4.11: Modelo 3D para estudiar cómo se sincronizan los ciclos solares y lunares en el calculador de Anticitera

A continuación, le presento lo que puede observar en cada una de estas escenas. Le solicito que se desplace dentro de cada escena para poder apreciar lo que le describo sobre cada una de ellas:

- *Rotation control and main gears* (Control de rotación y engranajes principales): en esta primera escena se muestran dos conjuntos de piezas que están unidos entre sí (figura 4.11). Para explicarlo mejor, el mando de giro, al girar, mueve el fragmento A y este, a su vez, hace girar el eje S, que sostiene a los dos indicadores (Sol y fecha), además del engranaje número 3 de 64 dientes. Lo que quiero que comprenda es que todas las piezas a la izquierda de este mando, que permite controlarlo todo, están unidas entre sí. Si mueve el modelo 3D para ver la parte superior del eje S, podrá observar que está perforado, ya que aquí se colocará posteriormente el eje que hará girar la Luna a la vez que gira también este eje; pero ambos lo harán a diferentes velocidades.

- **Sun and Date Gears (Engranajes Sol y fecha):** aquí podrá observar cómo el eje S, al moverse junto con el engranaje número 3, hará girar los dientes que después se unirán a los engranajes que permiten controlar el movimiento del indicador de la posición de la Luna. Si, además, se fija en la figura 4.12, podrá ver que estos engranajes son los números 4, 5, 6 y 7. Recuerde que este último engranaje, el número 7, después se unirá a los engranajes 9 y 10, que consiguen que la Luna gire en el mismo sentido en que lo hace el Sol.

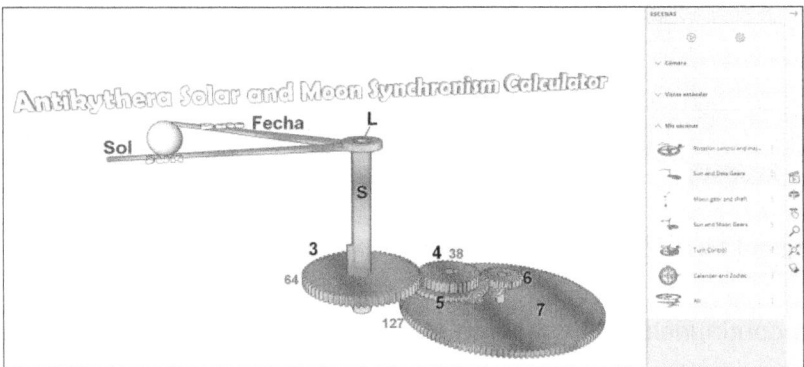

Figura 4.12: Engranajes del Sol y de la fecha

- **Moon gear and shaft (Engranaje y eje de la luna):** esta escena ha sido creada para que pueda observar cuáles son las piezas que mueven la Luna independientemente del movimiento del Sol. Si se fija, se trataría del eje L (figura 4.13) junto con el engranaje número 8. Este eje, junto con este engranaje, están unidos al indicador de la posición de la Luna junto con una esfera que la representa. En la parte central superior aparece el texto en azul EARTH (Tierra), que no tiene relación con el movimiento de estas partes del calculador; solo ha sido colocado aquí para que se dé cuenta de que en la parte central y encima de este eje L aparece nuestro planeta, ya que la Luna girará alrededor de él, al igual que el Sol. También le invito a que se desplace por esta escena para que pueda ver en detalle cómo están unidas estas piezas entre sí.

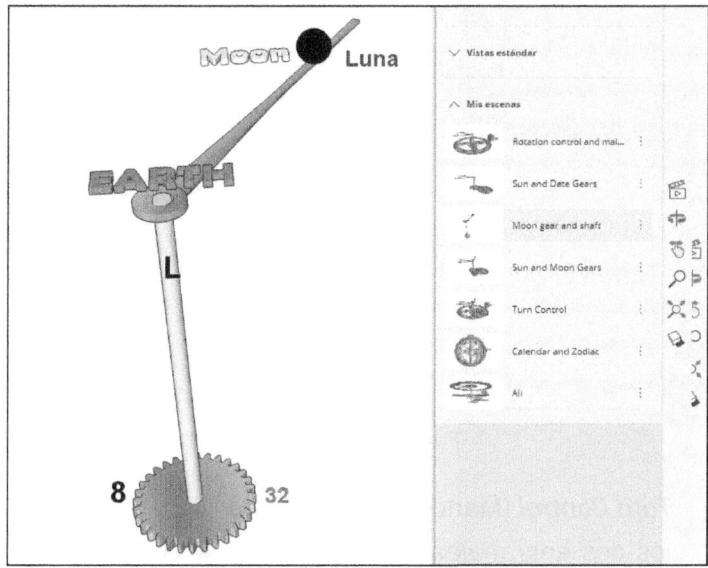

Figura 4.13: Engranaje, eje e indicador del movimiento de la Luna

- **Sun and Moon Gears (Engranajes Sol y Luna):** al pulsar sobre esta escena, podrá observar cómo se ensamblan las piezas relacionadas con el movimiento del Sol (escena 2) y de la Luna (escena 3). Me pareció relevante incluirlo, ya que, de esta manera, podrá apreciar cómo el eje L de la escena de la Luna se encuentra dentro del eje S del movimiento del Sol, lo que permite que cada uno pueda moverse a velocidades distintas, pero con el mismo centro de rotación. Esto facilitará su comprensión, aunque puede repasar esta explicación en la sección 4.3 de este mismo capítulo. Ahora también podrá observar (figura 4.14) cómo los engranajes 9 y 10 se acoplan con el engranaje 8 (movimiento del eje de la Luna) y con el resto de los engranajes que permiten lograr la relación cíclica 254/19, además de conseguir que la Luna gire en la misma dirección que el Sol (gracias a los engranajes 9 y 10) en el frontal de este calculador.

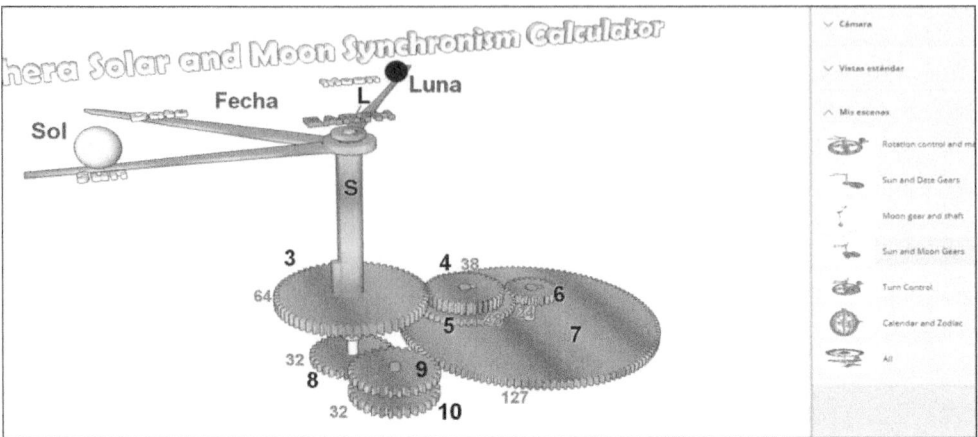

Figura 4.14: Engranajes del Sol, la Luna y de la fecha

- *Turn Control* **(Mando de giro):** he decidido añadir a la escena anterior los dos engranajes principales, aquel que se mueve para que todo funcione en conjunto con el famoso fragmento A, el engranaje de 224 dientes. De esta forma, tendrá una visión más clara de cómo están interconectadas todas estas piezas (figura 4.15).

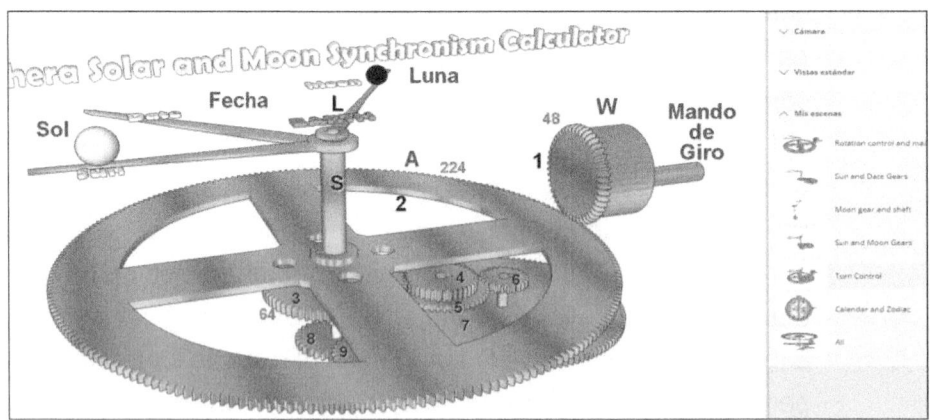

Figura 4.15: Fragmento A y engranaje de control (W) con mando de giro

- ***Calendar and Zodiac* (Calendario y zodiaco):** la figura 4.16 representa esta escena. Gracias a ella ahora sí podrá ver cuáles son las posiciones del Sol y de la Luna con respecto a la Tierra, además de poder ver la fecha y en qué parte del zodiaco se encuentran estos astros.

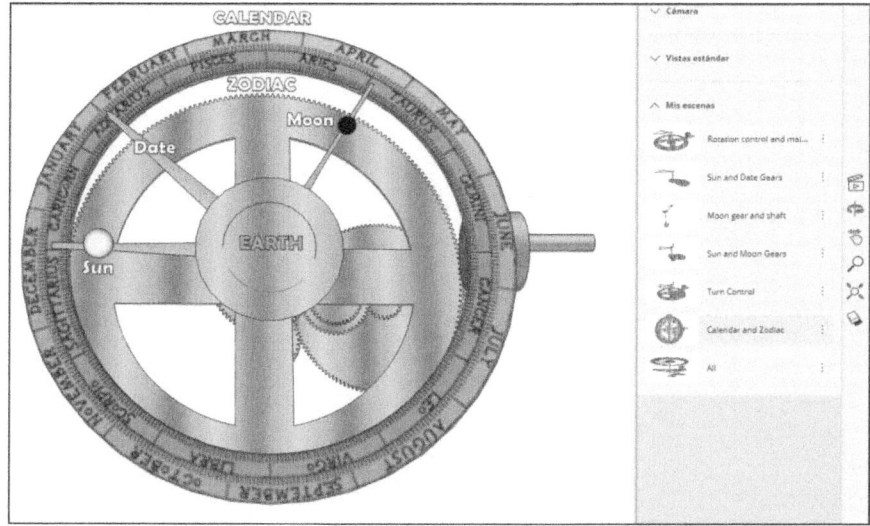

Figura 4.16: Textos para los indicadores de la Fecha y el Zodiaco

- ***All* (Todo):** desde la última escena podrá apreciar todas las piezas que permiten esta sincronización perfecta de los ciclos de 19 años del Sol y de los 254 meses de la Luna. La figura 4.9 es idéntica a la vista que muestra esta escena. Le invito a que se desplace por esta última escena para poder ver en detalle los engranajes que consiguen esta sincronización.

Querido lector, ¡déjeme contarle algo verdaderamente asombroso! ¿No es increíble todo lo que acabamos de presenciar juntos? Me maravilla pensar en las personas que vivieron hace más de 2100 años y en su increíble capacidad para no solo diseñar, sino también fabricar este sorprendente calculador. ¡Es un verdadero hito en la historia de la tecnología!

Ahora, gracias a nuestra exploración conjunta, posee una pequeña idea de cómo funciona una de las partes más importantes de este calculador. Pero espere, ¡aún hay mucho más por descubrir en este emocionante viaje tecnológico y lo veremos en el siguiente capítulo!

CAPÍTULO 5 – UTILIZACIÓN DEL SIMULADOR DEL CALCULADOR

Al igual que en los capítulos anteriores, puede entrar en la web de Marcombo y buscar, en la tabla de recursos, el vídeo con el nombre «Vídeo de introducción al capítulo 5»:

1. Entre en la página web de Marcombo: http://www.marcombo.info/

2. Una vez dentro, deberá escribir GRECIA27 en el recuadro Introduce el código promocional y presionar el botón Aceptar.

Figura 5.0

Aunque pueda resultarle sorprendente, le voy a explicar cómo utilizar la tecnología creada hace 2200 años por los antiguos griegos en el calculador de Anticitera. Esto le permitirá analizar todo tipo de eventos cósmicos, como conocer las fases de la Luna en una determinada fecha o averiguar cuándo se producirá el próximo eclipse total del Sol.

Se puede preguntar: ¿y cómo es esto posible si dicho calculador ya no existe? Pues bien, querido lector, la respuesta es sencilla: utilizando un programa informático que le permita realizar esos cálculos a través de su teléfono móvil. Sí, se trata de una fantástica aplicación que le facilitará la tarea.

A continuación, le presentaré varias razones por las cuales resulta interesante y útil utilizar un simulador actual del calculador de Anticitera:

- **Viaje al pasado:** el calculador de Anticitera, una maravilla de la antigüedad, nos abre una ventana a la ciencia y a la tecnología de la Grecia clásica. Gracias a un simulador moderno de este dispositivo, podemos interactuar y experimentar con esta joya histórica, acercándonos a los orígenes de la ciencia y la astronomía.

- **Entendiendo los fundamentos:** este calculador, con su intrincado sistema de engranajes, realiza cálculos astronómicos con precisión. Al interactuar con un simulador que emula su funcionamiento, podemos apreciar los principios matemáticos y mecánicos que lo rigen. Esto ofrece una oportunidad inigualable para entender conceptos como la relación de transmisión, la mecánica de los engranajes y la precisión en los cálculos.

- **Aprendizaje interactivo:** un simulador moderno del calculador de Anticitera brinda una experiencia de aprendizaje inmersiva. Con interfaces intuitivas y atractivas, los usuarios pueden manipular el dispositivo, realizar cálculos astronómicos y descubrir sus diversas funciones. Esta interacción directa promueve un aprendizaje basado en la experiencia y una comprensión más profunda de los conceptos subyacentes.

- **Experimentación y simulación:** este simulador permite realizar experimentos y simulaciones virtuales. Esto da la posibilidad de probar diferentes configuraciones, ajustar parámetros y ver cómo estos cambios afectan a los resultados. Estas simulaciones virtuales pueden ayudarnos a entender mejor los fenómenos astronómicos y a desarrollar habilidades para resolver problemas.

- **Difusión de la ciencia:** también su utilización puede ser una herramienta eficaz para la divulgación científica. El hecho de hacer accesible esta tecnología histórica en una forma moderna puede despertar el interés de un público más amplio en la astronomía, la historia y la ciencia en general. Esto facilita la difusión y el aprendizaje de conocimientos científicos de una manera atractiva y entretenida.

Por tanto, el uso de un simulador actual del calculador de Anticitera ¡es una forma emocionante y educativa de explorar el pasado y acercarse a los misterios del universo!

5.1 Instalación del simulador del calculador

Como mencioné anteriormente, es posible utilizar un simulador del calculador de hace más de 2100 años mediante una aplicación en su dispositivo móvil, ya sea Android o iOS. Me gustaría hablarle un poco de su creador, un investigador griego.

Markos Skoulatos, nacido en 1983 en Egio, Grecia, ha sentido una fascinación por los experimentos y la geometría desde su infancia. Su educación en física y su doctorado en física del estado sólido, que realizó entre 2004 y 2007 en Liverpool con una beca universitaria, le llevaron a su interés particular en el magnetismo cuántico y las fases magnéticas innovadoras.

Figura 5.1: Markos Skoulatos

Después de trabajar en el centro de investigación Helmholtz Zentrum Berlín de 2008 a 2011, se trasladó al Paul Scherrer Institut en Suiza con una beca Marie Curie, de 2012 a 2014. Desde 2014, ha estado trabajando en la Universidad Técnica de Munich. Sus ideas se implementan en instalaciones de gran escala, utilizando haces de neutrones y rayos X, en Francia, Alemania, Suiza y Estados Unidos.

Información extraída de la página web del autor: https://www.eternalgadgetry.com/about.html

Quisiera informarle de que esta aplicación tiene un precio, pero es de solo dos euros. A continuación, veremos cómo realizar la instalación de la aplicación paso a paso:

Paso 1: busque el nombre de la aplicación Antikythera mechanism en las tiendas de aplicaciones de Android o iOS con su teléfono móvil. Aquí le proporciono ambos enlaces:

- APP para Android: https://bit.ly/3TfraVN

Figura 5.2: APP Android

- APP para iOS:

  https://apps.apple.com/us/app/antikythera-mechanism-interact/id1507567676

Figura 5.3: APP iOS

Paso 2: antes de poder descargar e instalar esta APP, deberá realizar el pago de los dos euros para continuar.

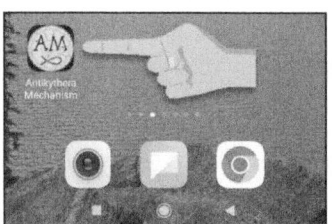

Paso 3: una vez instalada, le aparecerá el icono que puede ver señalado en esta imagen, a través del cual podrá abrir el simulador del calculador de Anticitera.

Figura 5.4: Icono de la APP

5.2 Estudio del entorno del simulador

Antes de abrir la aplicación de este simulador, le recomiendo que continúe leyendo. De esta manera, estará familiarizado con lo que aparecerá y con las opciones disponibles, lo que facilitará su manejo.

Si recuerda, en el capítulo número 3, específicamente en el apartado 3.2 (Paneles e indicadores del calculador), le mostré la recreación que realizó el equipo de Tony Freeth tanto del frontal como de la parte trasera de este calculador. Por otro lado, la figura 5.5 muestra la pantalla principal de este simulador, que es muy similar a la del equipo de Tony.

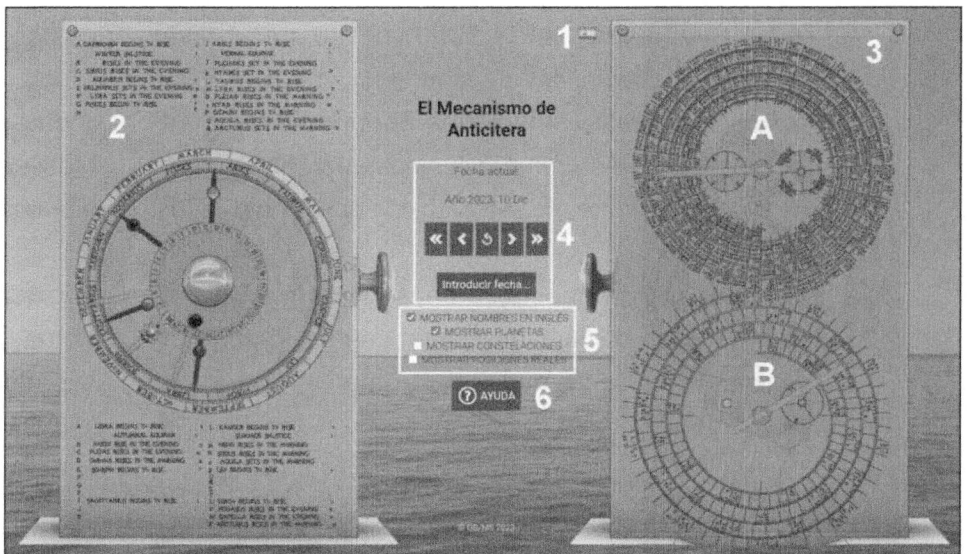

Figura 5.5: Partes de la APP del simulador

1. **Idioma:** al seleccionar este icono, tiene la opción de elegir el idioma de los textos que aparecen tanto en la parte central como en las ventanas de ayuda.

2. **Frontal:** esta sección muestra la posición de la Luna, el Sol, Mercurio, Venus, Marte, Júpiter y Saturno, con la Tierra en el centro. Además, aquí también puede ver el indicador de la fecha y el zodiaco.

3. **Parte trasera:** en la parte superior, puede observar el ciclo o calendario metónico (A) con los 235 meses lunares. A la derecha, encontrará el indicador del lugar de las Olimpiadas y, a la izquierda, el ciclo Calípico. En la parte inferior, tenemos el indicador de Saros (B), que se utiliza para predecir tanto los eclipses solares como los lunares.

4. **Recuadro central superior:** este recuadro muestra la fecha seleccionada en el calculador de Anticitera, junto con una serie de iconos con flechas que permiten modificar rápidamente la fecha. El botón con el texto Introducir fecha... permite introducir una

fecha comprendida entre 1920 y 2120, de acuerdo con la base de datos utilizada por este simulador.

5. **Textos centrales:** estos textos permiten diferentes opciones de visualización en el frontal del calculador, dependiendo de cuál de ellos se seleccione. Por defecto, los dos primeros textos aparecen seleccionados.

6. **Ayuda:** al presionar este botón, se abre una ventana que explica qué es este calculador, cómo usarlo, y proporciona notas y descripciones de las partes del frontal (A) y de la parte trasera del calculador (B).

5.3 Características del simulador

Este apartado se refiere a todas las acciones que usted puede realizar con este simulador del calculador de Anticitera, además de otras consideraciones. Sería interesante que, antes de utilizarlo, conociera todas las posibilidades que ofrece. Veamos cuáles son:

- Permite la simulación y uso del mecanismo de Anticitera de manera intuitiva, adaptado a nuestro calendario moderno.

- La aplicación es capaz de predecir la posición y la fase de la Luna, así como los eclipses solares y lunares.

- Además, puede averiguar las posiciones de los cinco planetas visibles a simple vista: Mercurio, Venus, Marte, Júpiter y Saturno.

- También permite comparar sus propias predicciones de eclipses con el sitio web de eclipses de la NASA.

- Los movimientos planetarios se describen en términos de antiguas teorías epicíclicas, modeladas mediante cálculos de engranajes en la aplicación.

- La base de datos de las posiciones de la Luna y los planetas desde 1920 hasta 2120 se puede utilizar para verificar la precisión de los engranajes en tiempo real mientras opera el dispositivo dentro de la aplicación.

- Este programa ofrece un amplio menú de ayuda gráfica, que explica los detalles de todas las funciones a los usuarios más curiosos.

Toda esta información ha sido obtenida de la página web del autor del simulador: https://www.eternalgadgetry.com/app.html.

5.4 Utilización del simulador de Anticitera

¡Llegamos a la sección más emocionante y atractiva de este libro! Prepárese para sumergirse en una experiencia práctica y fascinante mientras utiliza el simulador del calculador de Anticitera para explorar eventos astronómicos del pasado y del futuro. ¡Es como tener una máquina del tiempo astronómica en sus manos!

Imagine poder contrastar sus propias predicciones con plataformas especializadas en astronomía, ¡incluso más allá de la NASA! Podrá comprobar la precisión de sus cálculos y maravillarse al ver cómo este antiguo dispositivo se alinea con los avances científicos modernos.

Ahora, no solo los estudiantes se benefician de esta maravilla educativa. ¡Usted también puede formar parte de esta aventura! Por ejemplo, cuando lea una noticia en el periódico sobre un próximo eclipse, podrá utilizar este simulador para determinar si realmente ocurrirá en la fecha indicada. ¡Y no solo eso, también podrá visualizarlo en el calculador de dos formas diferentes (tanto en el frontal como utilizando el ciclo de Saros)! Más adelante veremos cómo hacerlo.

Este recurso es un tesoro para docentes de todos los niveles educativos. Tanto para un profesor que enseñe en la ESO, o en Bachillerato, Formación Profesional o incluso de la Universidad, este simulador puede enriquecer las lecciones sobre tecnología de una manera asombrosa. ¡Imagine la cara de sorpresa y emoción de los estudiantes al explorar los misterios del universo utilizando una herramienta tan increíble!

5.5 Práctica 5: estudio de un evento astronómico del pasado

En el capítulo 3, dentro del apartado 3.5 (Análisis básico y manejo de parte del calculador), tiene otro apartado llamado 4.1 (Entendiendo el frontal del calculador del simulador de Anticitera) donde le expliqué este frontal de la ventana de este simulador utilizando la figura 3.17. En el siguiente apartado, establecí una fecha inicial (2 de octubre de 1959) para poder comprobar posteriormente cómo se sincronizaban los ciclos solares y lunares 19 años después. Esta será la fecha que vamos a introducir ahora en el simulador. Los pasos que vamos a seguir en este primer ejemplo son los siguientes:

Paso 1: abra el simulador que ha descargado en un apartado anterior y, a continuación, establezca el idioma en Español, tal como se explicó en el apartado 5.2 Estudio del entorno del simulador.

Paso 2: sería conveniente que desmarcase la casilla Mostrar planetas para obtener los mejores resultados, ya que en este momento no le interesa verlos.

Paso 3: a continuación, presione el botón Introducir fecha... e introduzca la fecha del 2 de octubre de 1959. Después, presione el botón de OK. En esta imagen puede ver cómo debería realizar esta configuración.

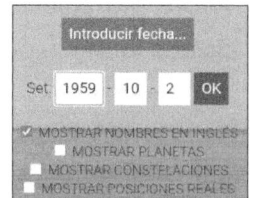

Figura 5.6: Poner fecha

Muy bien, ahora podrá comprobar el evento cósmico que se produjo en esta fecha analizando varios de los indicadores del calculador (ver figura 5.7).

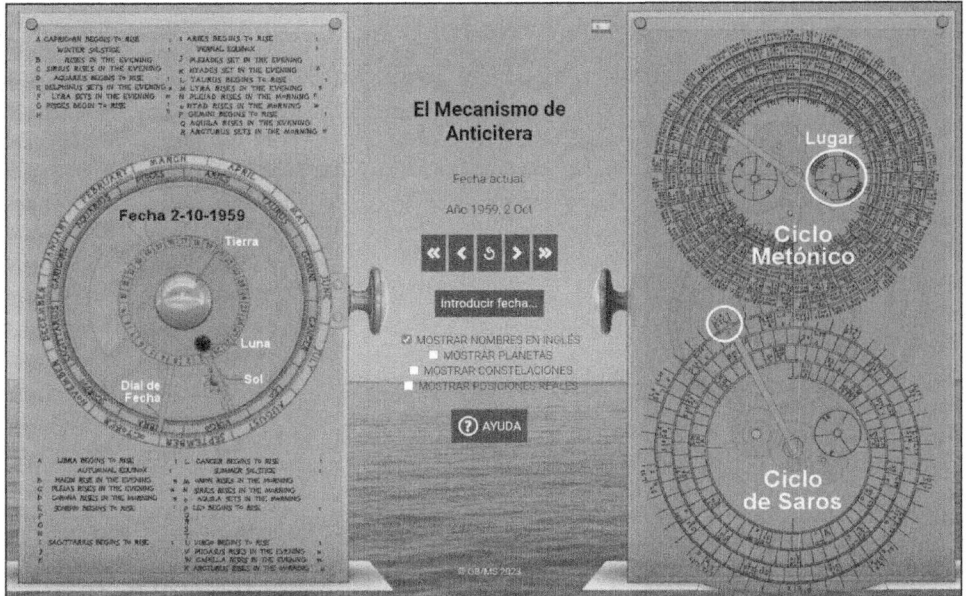

Figura 5.7: Evento cósmico el 2 de octubre de 1959

Los resultados que puede observar en esta imagen son idénticos a los mostrados en las figuras 3.18 (posición de los astros) y 3.19 (tipo de eclipse) del apartado 4.2 del capítulo 3. Por lo tanto, le será útil revisar esa sección del capítulo para interpretar los resultados de los indicadores.

En resumen, según este calculador, el 2 de octubre de 1959 se produjo un eclipse solar total. **¿Será esto cierto? ¿Cómo se puede verificar?** Eso es lo que le explicaré a continuación.

1. Deberá entrar en esta página web:
   https://www.timeanddate.com/eclipse/

Figura 5.8: Enlace

2. Una vez dentro, desplácese hasta el texto que aparece más abajo: All Eclipses and Planet Transits Worldwide, y presione sobre él.

3. En la siguiente ventana, tal como se muestra en la figura 5.9, seleccione la década de 1950 y 1959, y presione el botón verde que indica Go.

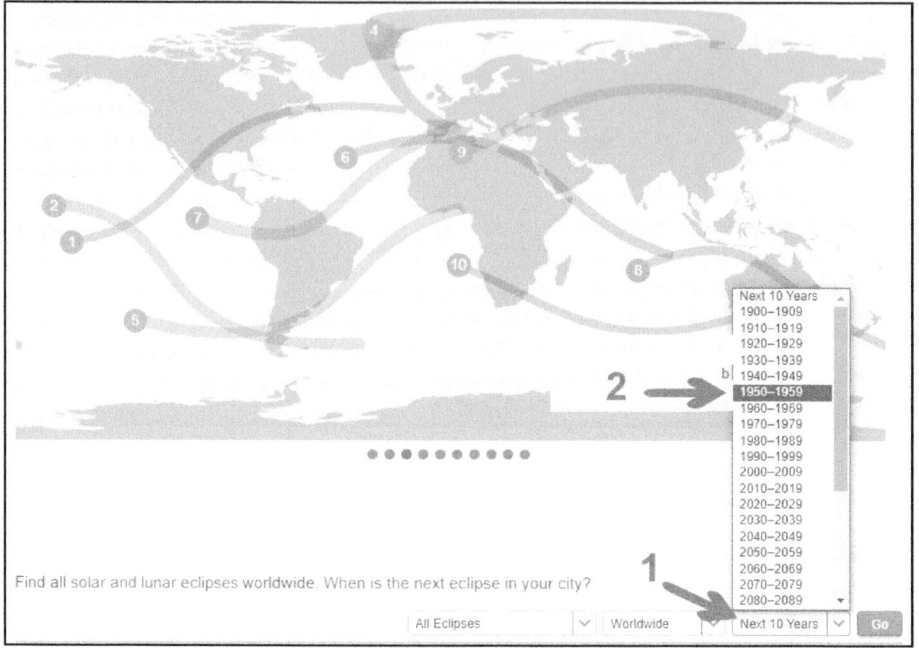

Figura 5.9: Selección de la década

3.1. Seleccione primero el recuadro donde se indica Next 10 Years (1).

3.2. A continuación, escoja la década de 1950 a 1959 en la ventana que se abre (2).

4. Si se fija, en la parte superior de esta página web aparece un mapa con todos los recorridos de la Luna alrededor de nuestro planeta a lo largo de toda la década, y a su derecha aparecen los eclipses que se han producido durante este periodo. Pero, ¿no aparece aquí el eclipse total solar que indica el simulador del calculador de Anticitera? Sí que aparece, pero no está indicado en esta parte de la ventana.

Deberá desplazarse al final de esta página web para encontrarlo, tal como puede ver en la siguiente figura 5.10.

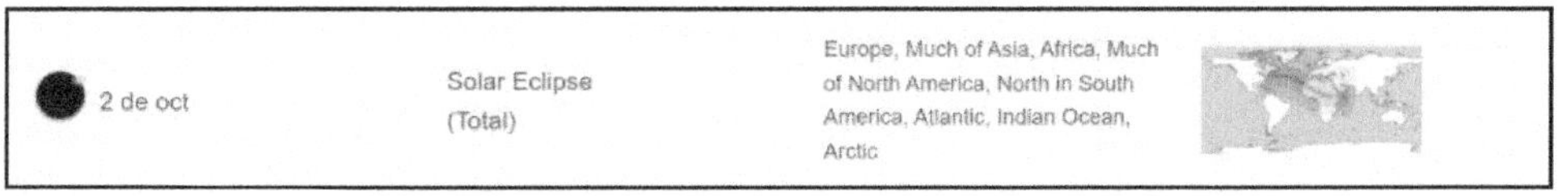

● 2 de oct	Solar Eclipse (Total)	Europe, Much of Asia, Africa, Much of North America, North in South America, Atlantic, Indian Ocean, Arctic	

Figura 5.10: Verificación del eclipse solar total del 2 de octubre de 1959

¡Increíble pero cierto! ¡Estamos presenciando el poder de una tecnología antigua que sigue asombrándonos en la era moderna! El calculador de Anticitera, con más de 2200 años de antigüedad, demuestra su precisión al verificar eventos cósmicos pasados y futuros en el momento actual.

Imagine mi asombro al ver que la información proporcionada por esta página web coincide al 100 % con los indicadores del calculador de Anticitera. Es como si los engranajes de la antigüedad se sincronizaran con las teorías y observaciones astronómicas contemporáneas. ¡Es un testimonio del ingenio y la genialidad de nuestros antepasados!

Pensar que una tecnología basada en engranajes, sin la ayuda de la electricidad o de la informática, puede ofrecer resultados tan precisos es simplemente fascinante. Nos recuerda que el conocimiento y la curiosidad pueden superar las barreras del tiempo y abrirnos las puertas hacia un mundo de maravillas cósmicas.

Antes de continuar, podría preguntarse: ¿cómo un programa informático puede replicar el funcionamiento de este calculador?

¡Buena pregunta! Es natural preguntarse cómo un programa informático puede replicar la funcionalidad de un dispositivo que se remonta a hace siglos. Recuerde que en los capítulos anteriores tiene parte del proceso de funcionamiento en el que se basa este simulador.

El talentoso investigador y programador, Markos Skoulatos, ha creado una réplica exacta del calculador de Anticitera; puede verla junto a él en la figura 5.1. Utilizando su conocimiento, habilidades y a través de una meticulosa investigación y estudio de los mecanismos originales, ha logrado capturar cada detalle y engranaje de este antiguo dispositivo en un programa informático. Por tanto, este simulador funciona de la misma manera que la réplica física. ¡Es como tener una versión virtual del calculador de Anticitera en sus manos!

Así que, sigamos explorando todas las posibilidades que el calculador de Anticitera tiene para ofrecernos.

5.6 Práctica 6: cómo determinar fácilmente la fecha de un eclipse

Ahora que usted está familiarizado con el funcionamiento del calculador de Anticitera y que recuerda el concepto del ciclo de Saros, que se indica en el apartado 3.1 (Todas las funciones del calculador) del capítulo 3 («son series periódicas de eclipses que se repiten cada 18 años y entre 10 y 11 días aproximadamente») puede aprovechar toda esa información y ponerla en acción con el simulador.

¿Y de qué manera podemos hacerlo?, podría preguntarse. Sigamos construyendo sobre lo que hemos aprendido en la práctica anterior, donde observamos que el 2 de octubre de 1959 ocurrió un eclipse solar total.

- Hay que sumar 18 años y 10 días a la fecha anterior, lo que nos lleva al 12 de octubre de 1977. ¡Esperemos que en esta fecha ocurra otro eclipse solar total!

- Se introduce esta fecha en el simulador del calculador y se comprueba dónde se encuentran los diales de posición de la Luna y el Sol en relación con la Tierra.

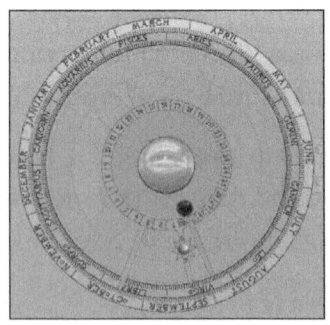

Figura 5.11: Fecha 12 de octubre 1977

- Puede ver que en esa fecha la Luna no se encuentra totalmente entre el Sol y la Tierra (figura 5.11); por lo tanto, hay que modificar la fecha anterior en el calculador e introducir el 13 de octubre de 1977. Recuerde que puede variar entre 18 años y 10 u 11 días.

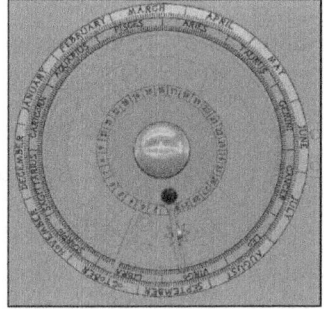

- Ahora sí (figura 5.12), puede ver cómo los indicadores de la posición de la Luna y del Sol se encuentran uno encima del otro, como en la figura 5.7.

Figura 5.12: Fecha 13 de octubre 1977

De esta forma, usando el calculador ha podido comprobar que tanto el 2 de octubre de 1959 como el 13 de octubre de 1977 hubo un eclipse solar total.

Olvidaba comentarle que, al igual que antes, también podrá comprobar este evento cósmico en la página web del código QR de la figura 5.8 (https://www.timeanddate.com/eclipse/).

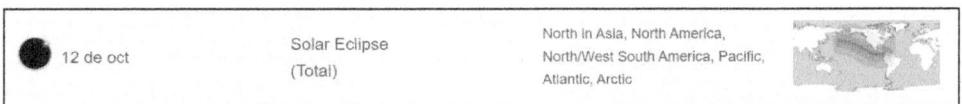

Figura 5.13: Verificación del eclipse solar total del 12 de octubre de 1977

Si lo hace, se dará cuenta de que la fecha indicada en esta página web para este eclipse solar total es el día 12 (figura 5.13), y no el día 13, como se indica en el calculador; pero no tiene mayor importancia, ya que se encuentra dentro de las fechas indicadas en el periodo del ciclo de Saros (18 años y entre 10 u 11 días).

5.7 Práctica 7: desde dónde se puede ver un eclipse

Saber cuándo ocurre un eclipse es interesante, ¡pero descubrir desde qué lugar de la Tierra se puede observar es aún más emocionante! El calculador de Anticitera fue diseñado para proporcionar esta información solo sobre el territorio griego, no sobre todo el planeta, así que solo podemos saber, usando este simulador, si un lugar se repite en fechas diferentes para un eclipse.

Ahora, lo que puedo decirle con certeza es que los eclipses solares de las dos fechas que hemos mencionado anteriormente, el 2 de octubre de 1959 y el 12 de octubre de 1977, no pudieron ser vistos desde los mismos lugares de la Tierra. Analizando el indicador y la esfera del lugar en la parte trasera y superior derecha del simulador del calculador se puede comprobar (figura 5.14).

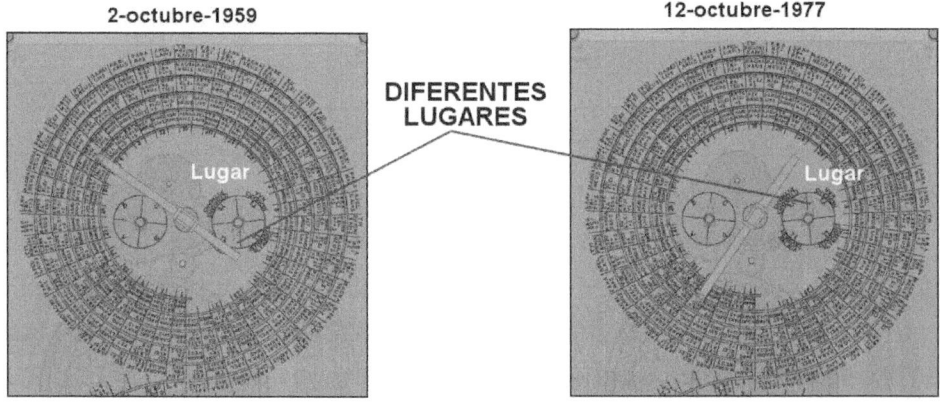

Figura 5.14: Lugares diferentes para el mismo tipo de eclipse 18 años y 10 días después

Estoy seguro de que le encantaría descubrir desde dónde se pudieron observar esos eclipses en esas dos fechas diferentes. La respuesta se encuentra en las figuras 5.10 y 5.13 que obtuvimos de la página web sobre los eclipses.

Eclipse 2 octubre 1959 **Eclipse 12 octubre 1977**

Europe, Much of Asia, Africa, Much of North America, North in South America, Atlantic, Indian Ocean, Arctic

North in Asia, North America, North/West South America, Pacific, Atlantic, Arctic

Figura 5.15: Lugares desde donde se vieron lo eclipses

Echemos un vistazo a la figura 5.15. Podemos ver claramente que los lugares desde los cuales se pudieron presenciar los eclipses no son los mismos. Por ejemplo, el eclipse del 2 de octubre de 1959 fue visible en casi toda Europa, ¡pero el del 12 de octubre de 1977 no lo fue! ¡Interesante, ¿verdad?!

Aquí viene lo más emocionante: ¡el calculador de Anticitera nos permite comparar y descubrir si un eclipse se repite en la misma zona! Si observa los mapas de la figura 5.15 y los compara, podrá ver cómo la Luna se desplazó en cada una de esas dos fechas. De esta manera, se dará cuenta fácilmente de que cuando un tipo de eclipse, ya sea lunar o solar, se repite según el ciclo de Saros, ¡nunca se verá desde los mismos lugares en la Tierra!

5.8 Práctica 8: falsos eclipses

Vamos a sumergirnos aún más en el manejo de este fascinante simulador del calculador para que no se pierda en el vasto universo de los eclipses. Antes de continuar, permítame aclarar dos condiciones clave que deben cumplirse para que el simulador le indique que realmente se está produciendo un eclipse en una fecha determinada. ¡Preste atención, que aquí vienen!

- La primera condición es que la Luna esté entre la Tierra y el Sol, lo que conocemos como un eclipse solar (puede ver un ejemplo de esto en la figura 5.12). También puede darse el caso contrario, donde la Tierra se encuentra en medio del Sol y la Luna, lo que llamamos un eclipse lunar.

- Aquí tiene la segunda condición. Para confirmar que realmente se trata de un eclipse, hay que prestar atención al indicador del ciclo de Saros, ubicado en la parte inferior de la parte trasera del calculador. ¿Qué buscamos allí? Bueno, cuando se produce un eclipse, el indicador se detendrá sobre un recuadro con unos glifos. Recuerde que los glifos son símbolos que nos indican el tipo de eclipse que estamos presenciando.

Así que siempre debe tener en cuenta estas dos condiciones anteriores: la posición de la Luna y el Sol con respecto a la Tierra es clave para identificar un eclipse solar o lunar, y los glifos en el indicador del ciclo de Saros nos confirman que estamos ante un verdadero evento cósmico. ¡No se deje engañar por falsos eclipses si solo se fija en la parte frontal del calculador del simulador!

Dado que este apartado se refiere a una práctica que usted puede realizar con este programa del calculador de Anticitera, le solicito que introduzca la siguiente fecha en el simulador del calculador: 6 de julio de 2024. A continuación, debe preguntarse si en esa fecha se produce un eclipse. Recuerde todo lo que acabo de explicar en este apartado.

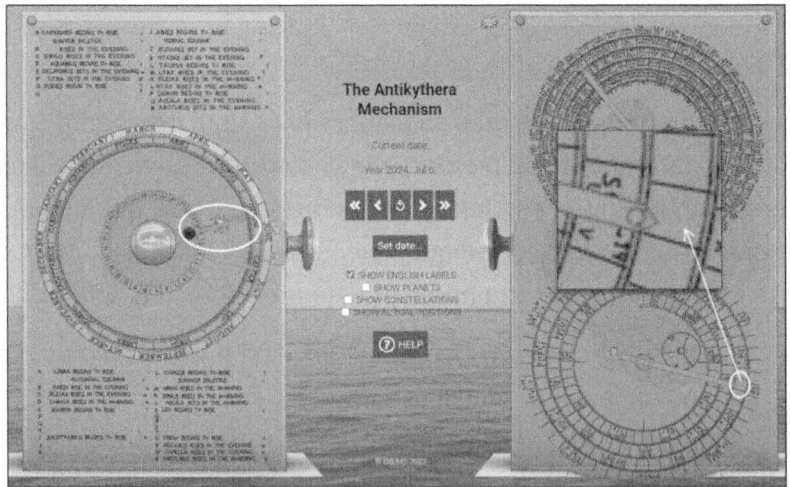

Figura 5.16: Falso eclipse

Al analizar los diales del calculador, que se muestran en la figura 5.16, podrá hacer un descubrimiento interesante. Si dirige su atención a la parte izquierda, ¡parece que se va a producir un eclipse! La Luna se ha colocado entre la Tierra y el Sol, creando un posible evento cósmico.

Ahora, eche un vistazo al indicador de Saros, justo en la parte inferior derecha de esta imagen. ¿Qué ve allí? ¡Oh, sorpresa! Dentro del recuadro que marca el indicador no hay ningún símbolo. Esto nos indica que en la fecha del 6 de julio de 2024 no se produjo ningún eclipse. ¡Vaya, vaya!

A veces, si no se fija en el ciclo de Saros, y aunque parezca que todo está alineado para un espectáculo celestial, resulta ser una falsa alarma. Pero, recuerde, también puede consultar en la página web timedate.com los resultados obtenidos de este programa de simulación del calculador.

5.9 Práctica 9: buscar verdaderos eclipses

Bien, creo que ahora no tendrá ningún problema para determinar cuándo se producirá un verdadero eclipse utilizando este programa. Por lo tanto, ahora le propondré realizar otra tarea práctica: averigüe cuándo se producirá el primer eclipse, ya sea lunar o solar y de cualquier tipo, a partir del 1 de enero de 2025. Pero, espere, antes debo indicarle cómo deberá hacerlo:

1. Primero, ponga la fecha indicada en el calculador.

2. Después, vaya haciendo clic continuamente sobre la flecha > (figura 5.17) hasta que se produzcan las dos condiciones que le indiqué en la práctica anterior: alineación de los planetas y aparición de los glifos en el ciclo de Saros.

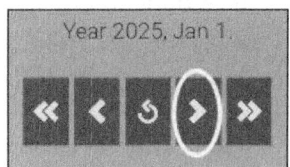

Figura 5.17: Avanzar

Hay una fecha que podría confundir: ¡el 14 de enero de 2025! Pero no se preocupe, vamos a analizar juntos los resultados a través de la figura 5.18 y vamos a desvelar el misterio.

Figura 5.18: Falso eclipse lunar el 14 de enero del 2025

En primer lugar, dirija su atención a la parte izquierda de esta imagen. Parece que el Sol, la Tierra y la Luna están alineados, como si se estuviera produciendo un eclipse lunar. Pero debemos seguir investigando.

Ahora, eche un vistazo al ciclo de Saros, en la parte derecha de la misma imagen. ¿Qué ve en el recuadro donde se detiene el indicador? ¡Sorpresa! Está completamente vacío, sin ningún símbolo presente. Esto nos indica claramente que en la fecha del 14 de enero de 2025 no se producirá ningún tipo de eclipse.

Ahora que ha dominado la habilidad de detectar los falsos eclipses, es hora de buscar un verdadero eclipse en el simulador del calculador de Anticitera. ¡Apriete esa flecha > y siga adelante para continuar buscándolo!

¿Ha podido encontrarlo? ¡Espero que sí! Para no hacerle esperar más, tengo una noticia: el primer eclipse que aparecerá será ¡el 14 de marzo de 2025! Pero no se detenga aquí, vamos a analizar juntos la figura 5.19 para comprobar que es cierto.

Analizando la posición de los indicadores, podrá confirmar que en esa fecha se producirá, o se produjo (dependiendo de cuándo esté leyendo este libro), un magnífico eclipse lunar. ¡Por fin!

Sin embargo, aún tenemos un pequeño detalle por resolver: ¿qué tipo de eclipse lunar es?, ¿ total o parcial? No se preocupe, en la siguiente práctica exploraremos cómo descubrirlo y cómo desentrañar los secretos de los diferentes tipos de eclipses lunares o solares.

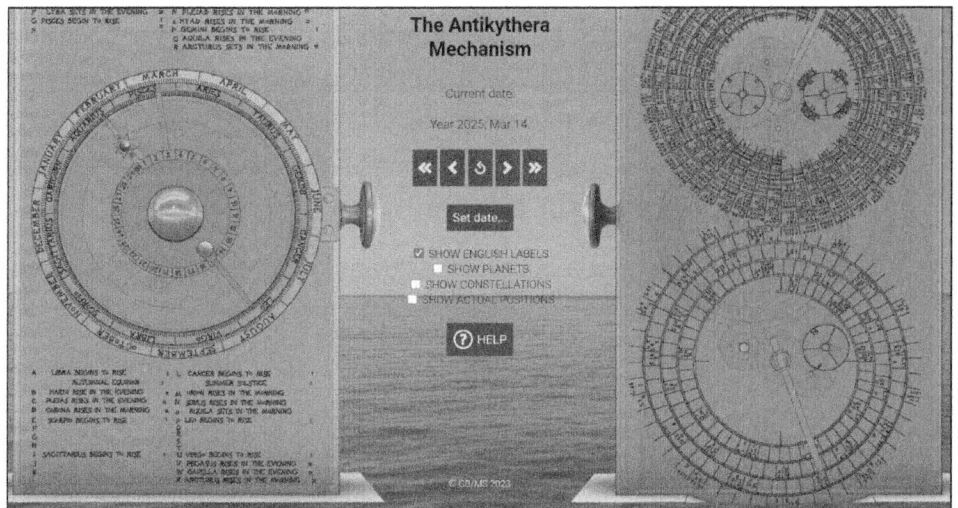

Figura 5.19: Eclipse lunar el 14 de marzo del 2025

5.10 Práctica 10: los tipos de eclipses

Como acaba de comprobar en la práctica anterior, no conocemos el tipo de eclipse lunar que aparece en la fecha indicada del 14 de marzo de 2025 en el simulador del calculador; desconocemos si es total o parcial. A continuación, le explicaré cómo averiguarlo.

- Lo primero que tiene que hacer es fijarse en dónde se ha detenido el indicador del ciclo de Saros, en la parte inferior derecha de la figura 5.19. Para que pueda analizar mejor lo que aparece en el recuadro del indicador, le sugiero que examine la figura 5.20.

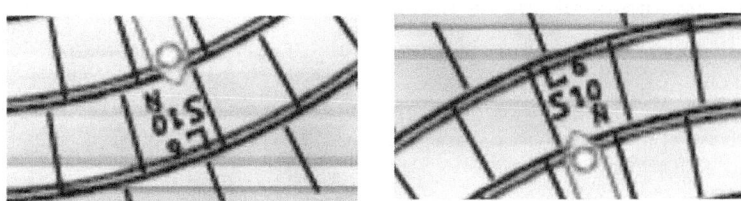

Figura 5.20: Indicador del ciclo de Saros para la fecha del 14 de marzo del 2025

- Ahora podrá obtener la siguiente información: L6 y S10ñ. Estos textos, junto con los números, <u>no son los glifos mencionados en</u>

párrafos anteriores, los que aparecieron en los restos encontrados del calculador, sino los que ha colocado Markos Skoulatos al crear este *software*. De todas formas, L6 está indicando un tipo de eclipse lunar, al igual que S10ñ indica también un tipo de eclipse solar (L de lunar y S de solar).

- Lo último que queda por hacer es transformar la L6 en un dato que indique el tipo de eclipse lunar que se produjo.

Lo que voy a explicar a continuación ha sido creado por mí a partir de diferentes fuentes de información, donde he conseguido las equivalencias de textos + números en cada recuadro para el tipo de eclipse, tanto lunares como solares, del ciclo de Saros. Debe tener en cuenta que no soy un experto en astronomía ni en mecánica, por lo que pueden existir errores a la hora de interpretar estos textos. Sin embargo, existe una forma de averiguar si está bien o mal, y es, como mencioné anteriormente, comprobando el resultado obtenido para la misma fecha en la página web:
https://www.timeanddate.com/eclipse/.

Procedimiento a seguir:

1. Debe utilizar la figura 5.21 del indicador del ciclo de Saros, que contiene los números del 1 al 64, para determinar sobre cuál de ellos se ha detenido el indicador del simulador. En este caso, se ha detenido sobre el número 40.

2. A continuación, deberá buscar este número en la tabla 5.1 para encontrar el tipo de eclipse. En este caso, se trata de un eclipse lunar total, tal y como se puede observar por el número 40 indicado en dicha tabla.

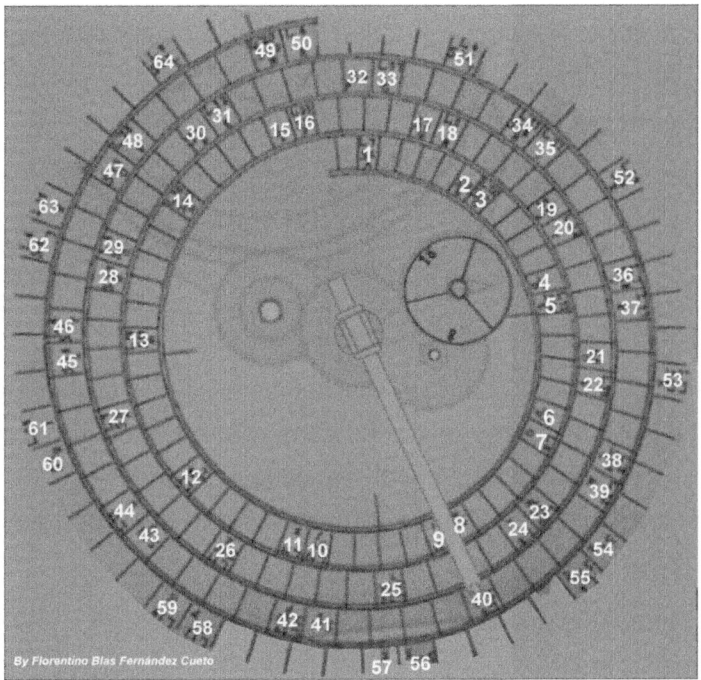

Figura 5.21: Indicador del ciclo de Saros para la fecha del 14 de marzo del 2025

Tabla 5.1: Tipos de eclipses según la numeración

TIPO DE ECLIPSE	NÚMEROS
Lunar parcial	1, 3, 4, 13, 15, 27, 30, 43, 53, 56, 64
Lunar total	2, 6, 8, 10, 12, 14, 17, 19, 21, 23, 25, 26, 28, 32, 34, 36, 38, **40**, 41, 42, 47, 49, 51, 52, 54, 58, 60, 62
Solar parcial	10, 12, 20, 22, 33, 34, 35, 37, 38, 48, 51, 59, 60, 61, 62
Solar anular	3, 7, 14, 18, 23, 26, 29, 42, 46, 53, 55
Solar total	5, 9, 13, 16, 25, 27, 31, 40, 44, 45, 47, 49, 52, 57, 64

Muy bien. Entonces, ¿se producirá un eclipse lunar total el 14 de marzo de 2025, según lo que indica el simulador del calculador de Anticitera?

Para verificar que es correcto, puede realizar de nuevo una consulta en la página de timeanddate.com. He realizado esta consulta por usted y en la figura 5.22 puede ver el resultado.

13–14 de marzo de 2025 Total Lunar Eclipse
Visible in Europe, Much of Asia, Much of Australia, Much of Africa, North America, South America, Pacific, Atlantic, Arctic, Antarctica.
Path Map | 3D Path Globe | Eclipse Information ❯

13–14 de mar de 2025

Figura 5.22: Eclipse lunar total

¿No le parece increíble cómo un dispositivo de hace tantos siglos puede funcionar hoy en día? Usted acaba de comprobarlo, estimado lector. Espero que se quede tan sorprendido como yo al descubrir todo lo que se podía hacer con unos engranajes, y que ahora también nosotros podemos usar a través de un simulador.

Ahora que hemos finalizado esta práctica, usted ya sabrá cómo determinar cualquier tipo de eclipse, ya sea del futuro o del pasado, usando este simulador.

Algunos lectores podrían preguntarse: ¿para qué necesito un simulador del calculador de Anticitera para determinar los eventos cósmicos que se producen, si puedo hacerlo a través de la página web de la NASA o de cualquier otra?

Pues por varias razones:

- Primero, el simulador del calculador de Anticitera proporciona una vivencia inigualable, al permitirle interactuar con un artefacto antiguo, que se remonta a siglos atrás. Esta experiencia le da la posibilidad de adentrarse en la historia y entender cómo nuestros predecesores percibían y pronosticaban los sucesos cósmicos. Es una manera cautivadora de vincularnos con el pasado y valorar la evolución de la ciencia y la tecnología a través del tiempo.

- Además, el simulador del calculador de Anticitera puede brindarle un punto de vista distinto y complementario a otros recursos contemporáneos. A pesar de que las páginas web de la NASA y otros sitios de confianza son fuentes de información excepcionales, el simulador le permite explorar los sucesos cósmicos desde un enfoque histórico y arqueológico. Puede experimentar cómo los astrónomos de la antigüedad calculaban y pronosticaban eclipses, fases lunares y otros fenómenos celestiales utilizando este ingenioso dispositivo mecánico.

En conclusión, el uso del simulador del calculador de Anticitera no solo expande sus conocimientos sobre la historia de la astronomía, sino que también le proporciona una perspectiva única y enriquecedora. ¡La ciencia y la historia se unen para ofrecerle un viaje emocionante a través del tiempo!

CAPÍTULO 6 – **EPÍLOGO**

Ha llegado al último capítulo de este libro. Aunque desearía poder continuar desvelando las múltiples funciones del simulador del calculador, la realidad es que las páginas de este libro son finitas y estoy rozando ese límite. Por lo tanto, solo será posible explicar una función adicional de este calculador, incluyendo otros aspectos de esta historia que, estoy seguro, despertarán su curiosidad e interés.

6.1 El día del fin del mundo

Se podrá preguntar qué tiene que ver este título con este calculador. Tiene que ver que el 5 de mayo del año 2000 muchos pensaron que el mundo se terminaba, debido a que en esa fecha se alinearon los cinco primeros planetas (sin incluir a la Tierra) con el Sol.

La alineación de estos planetas de nuestro sistema solar (Mercurio, Venus, Marte, Júpiter y Saturno) es un fenómeno astronómico que ocurre muy raramente. Debido a las diferentes velocidades orbitales y periodos de revolución de cada planeta, es extremadamente poco común que estos cinco planetas se alineen en el mismo plano en un momento dado.

Cuando se produce esta alineación planetaria es un espectáculo impresionante y fascinante para los observadores del cielo. Sin embargo, es importante destacar que la alineación perfecta de los cinco planetas mencionados no ocurre con frecuencia, ya que sus órbitas están inclinadas en diferentes ángulos con respecto al plano de la eclíptica.

En ocasiones, es posible que se produzcan alineaciones parciales, donde algunos de los planetas se encuentren relativamente cerca en el cielo nocturno, pero es raro que estos cinco planetas estén perfectamente alineados.

Como se señala en un capítulo anterior, los antiguos griegos solo conocían estos cinco planetas: Mercurio, Venus, Marte, Júpiter y Saturno, además de nuestro planeta Tierra. Todos se ven en la parte frontal del calculador. En la tabla 6.1, junto con la figura 6.1, se muestran los colores que identifican a cada uno de estos planetas, además de mostrar también el Sol, la Luna y la Tierra.

Color	Planeta
Gris claro	Júpiter
Azul	Venus
Negro	Saturno
Rojo oscuro	Marte
Cian	Mercurio

Tabla 6.1: Color de los planetas

Figura 6.1: Objetos celestes del frontal del simulador

La identificación de todos estos planetas en el frontal del simulador del calculador sirve para la realización de la siguiente práctica.

6.2 Práctica 11: alineación de planetas

La alineación de los cinco planetas mencionados en el apartado anterior se puede verificar en el simulador. Simplemente debe establecer la fecha del 5 de mayo del año 2000. Sin embargo, debo señalar que esta alineación se mantuvo durante 16 días, desde el 5 hasta el 21 de mayo.

Es importante destacar que esta alineación no fue perfecta. Permítame explicarle: los planetas no estaban todos alineados en una línea continua con una desviación inferior a un grado. En realidad, presentaban desviaciones entre algunos de ellos en ángulos inferiores a los 25 grados.

Por tanto, para comprobar lo que acabo de explicar:

- Abra la app del simulador del calculador de Anticitera y marque la casilla Mostrar planetas.

- Introduzca la fecha del 5 de mayo del 2000 (2000 – 5 - 5) y presione OK.

En la parte derecha de la figura 6.2, se presentan los resultados obtenidos de la página web de la NASA, los cuales se comparan con las indicaciones del simulador del calculador de Anticitera ubicado a la izquierda. En esta representación, se puede apreciar cómo estos cinco planetas se alinean formando un ángulo menor a 25 grados.

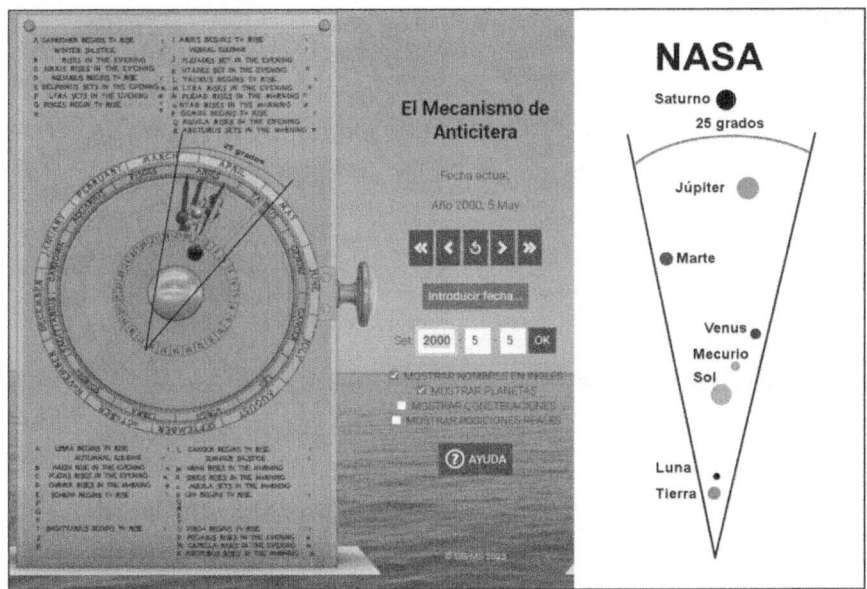

Figura 6.2: Alineación de los cinco primeros planetas del Sistema Solar el 5 de mayo del 2000

Por tanto, si entra en la página web de la NASA a través de este código QR obtendrá la siguiente información en inglés:

Figura 6.3: Enlace

«El 5 de mayo de 2000 los planetas Mercurio, Venus, Tierra, Marte, Júpiter y Saturno estuvieron más o menos alineados con el Sol. Además, la Luna estuvo casi alineada entre la Tierra y el Sol. Aunque esto ha llevado a muchas predicciones nefastas de catástrofes globales como el derretimiento de los casquetes polares, inundaciones, huracanes, terremotos, etc., no existe absolutamente ninguna base científica para estas afirmaciones».

También es posible verificar la veracidad de esta afirmación en el frontal del simulador para esta fecha: «...la Luna estuvo casi alineada entre la Tierra y el Sol» (figura 6.4). Para una mejor visualización, le recomiendo desactivar la casilla Mostrar planetas.

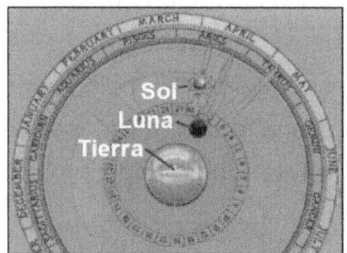

Figura 6.4: Alineaciones

Gracias a esta práctica, usted ha logrado identificar cada uno de los planetas en el calculador, además de aprender cómo se alinean en determinadas fechas.

6.3 La primera máquina del tiempo

Justo debajo del título de este libro se encuentra la frase «Los secretos de la primera máquina del tiempo». Esto se debe a que este calculador tiene la capacidad de comportarse como una verdadera máquina del tiempo. A través de ella, usted podrá viajar al pasado o al futuro para presenciar eventos que ya han ocurrido o que están por suceder. Sin embargo, es importante señalar, como ha podido comprobar a lo largo de todos los capítulos anteriores, que este viaje no será físico, sino más bien un análisis de los eventos cósmicos del pasado y del futuro. De ahí proviene el subtítulo del libro.

Los secretos de este mecanismo han sido analizados a lo largo de varios capítulos. Pero lo más sorprendente de todo es que fue construido hace más de 2200 años, sin utilizar componentes electrónicos ni ordenadores, sino basándose en el funcionamiento y la combinación de simples engranajes.

Me puedo imaginar que, al llegar a este epílogo, usted tendrá la misma impresión que tuve yo la primera vez que estudié el funcionamiento de este calculador. ¿Cómo fue posible fabricarlo sin contar con las herramientas que tenemos en la actualidad? Tanto Tony Freeth como su equipo están tratando de descubrirlo ahora, intentando replicar este calculador utilizando los medios que podrían haber estado disponibles en el siglo II antes de Cristo. Hasta el momento, no lo han conseguido y, en mi opinión, creo que será muy complicado lograrlo.

Figura 6.5: Imaginando el montaje del calculador

6.4 Práctica 12: viajando al futuro

Ahora sería muy interesante viajar al futuro para descubrir un evento cósmico que pueda sorprendernos por completo. Un ejemplo sería el caso en el que la luz del Sol se desvaneciera en pleno día, es decir, saber en qué fecha podremos presenciar un eclipse total de Sol en Europa, incluyendo también parte de España. Para determinar la fecha de este evento astronómico utilizando el simulador del calculador de Anticitera, deben cumplirse tres condiciones:

- Que la Luna se encuentre en medio de la Tierra y el Sol en el frontal del calculador, tal y como puede ver en esta figura, o también observar que el indicador de la Luna está encima del Sol.

Figura 6.6: Indicadores Luna y Sol juntos

- Que el puntero del indicador de Saros se encuentre justo encima (el círculo del indicador) de una casilla con el símbolo de S + número; por ejemplo, tal y como se puede ver en esta figura. Lo único que debe hacer es verificar en la tabla 5.1 el tipo de eclipse que corresponde según la numeración de la figura 5.21. En este ejemplo, se trata de un eclipse solar total. De esta manera, se puede confirmar que el indicador del frontal está señalando un eclipse real.

Figura 6.7: Indicador de Saros

- La indicación de que este eclipse se producirá sobre Europa. En este caso, deberá de fijarse en el Indicador del lugar de los Juegos Olímpicos (esfera pequeña derecha dentro de la esfera superior trasera del ciclo metónico), la cual deberá estar sobre el primer cuadrante de dicha esfera, figura 6.8.

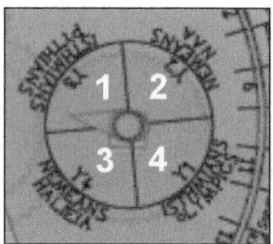

Figura 6.8: Indica Europa

Cuando se produzcan estas tres coincidencias, se tratará, por tanto, de un eclipse solar que podrá ser visto desde Europa.

Para buscar estas tres coincidencias, deberá trabajar con los botones de las fechas:

- **Fecha actual:** para volver a la fecha en la que se encuentre ahora.

- **Pasado:** botones para retroceder rápidamente o lentamente a fechas anteriores a la actual.

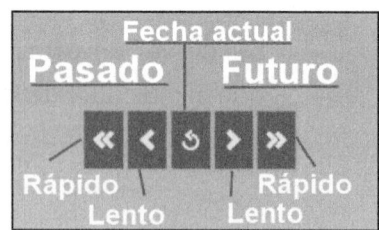

Figura 6.9: Botones de fechas

- **Futuro:** botones para avanzar rápidamente o lentamente hacia fechas futuras.

Por tanto, deberá utilizar los botones de las fechas futuras para realizar un avance rápido hasta encontrar un eclipse solar en el indicador frontal. Al mismo tiempo, deberá comprobar que, gracias al indicador del ciclo de Saros, se trata de un verdadero eclipse solar. Por último, el indicador de los Juegos Olímpicos debe estar ubicado en el primer cuadrante. No quiero engañarle, esta tarea no es sencilla y lleva tiempo, ya que es necesario trabajar con ambos botones simultáneamente: avance rápido para buscar las coincidencias y luego avance lento para ajustar los indicadores a las posiciones correctas.

Si no lo consigue no se preocupe, le voy a indicar la fecha exacta (me llevó casi una hora obtenerla con este simulador): el 12 de agosto de 2026. En la figura 6.10 puede ver cómo la coincidencia de estos tres indicadores señala esta fecha.

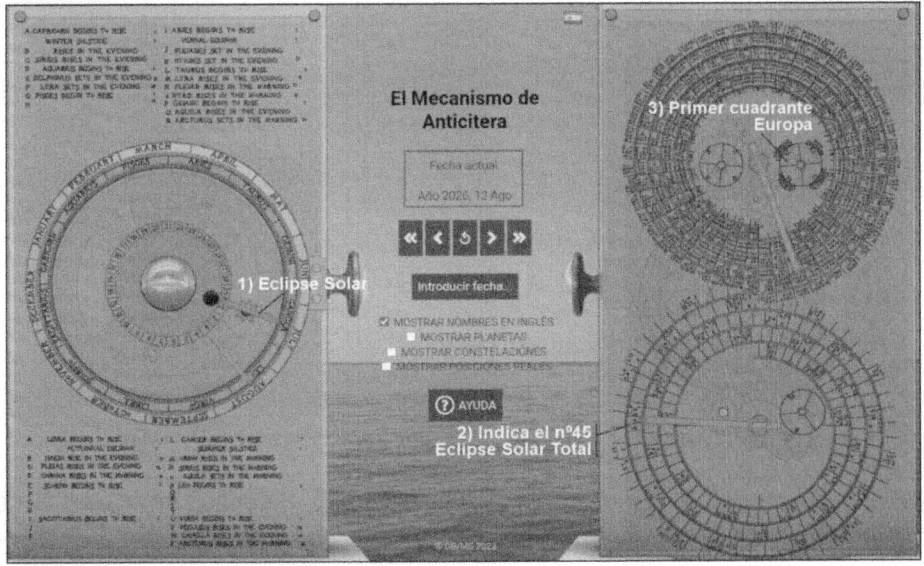

Figura 6.10: Coincidencia de tres indicadores - eclipse total solar el 12 de agosto del 2026 en Europa

Como le he explicado con anterioridad, a través de la página web timeanddate.com podrá comprobar si efectivamente en esa fecha se producirá un eclipse solar total que podrá verse en Europa y, en concreto, en España.

Figura 6.11: Verificación

Al entrar en esta página web y buscar la fecha del 12 de agosto del 2026 pude obtener la siguiente información (figura 6.12):

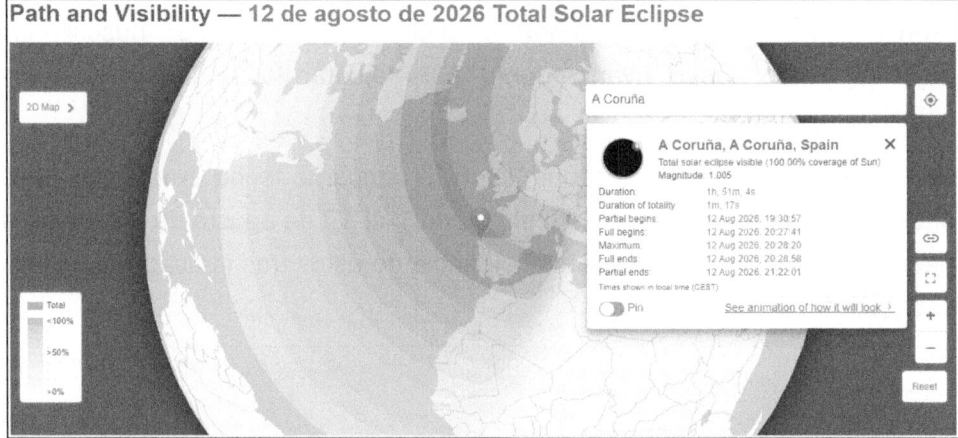

Figura 6.12: Información sobre el eclipse en la página de timeanddate.com

- En esta imagen se puede observar el recorrido de dicho eclipse.

- En la ciudad de A Coruña (Galicia, norte de España), el eclipse se podrá ver en su totalidad y el sol se ocultará al 100 %.

- La hora de mayor oscuridad será las 20:28.

La ventana muestra más datos que no son necesarios comentar, ya que el lector puede analizarlos.

Ahora puede surgir la pregunta de cómo sabía que el eclipse se podría ver en Europa. La explicación se encuentra en la Práctica 7: desde dónde se puede ver un eclipse, dentro del capítulo anterior.

6.5 Visita virtual al Museo Arqueológico de Atenas

Le ofrezco la oportunidad de realizar una visita virtual al museo, específicamente a la sala donde se encuentran los restos del calculador de Anticitera. Para acceder, simplemente debe abrir el siguiente enlace en su dispositivo móvil o copiarlo y pegarlo en el navegador de su portátil u ordenador de sobremesa.

Figura 6.13: Enlace

https://bit.ly/3UfDkOy

Una vez dentro de este entorno virtual interactivo de 360 grados podrá:

- Ser atendido por un guía virtual.
- Acceder a la página web del museo.
- Ver la investigación realizada por Tony Freeth.
- Acceder a la sala donde se localizan los fragmentos del calculador.
- Manejar en 3D el fragmento A de dicho calculador.
- Ver un vídeo sobre el calculador con todas sus piezas interiores.

6.6 El reto

En este punto del libro, le invito a que se convierta en un investigador, tal como lo hizo en la práctica número 3 del capítulo 3. ¡Es hora de poner a prueba sus habilidades detectivescas!

A lo largo de las páginas de este libro se esconde un misterio, la referencia a un libro que nada tiene que ver con el calculador ni con la antigua Grecia. Para ayudarle a encontrar esta referencia le daré varias pistas:

- Necesitará saber griego o usar un traductor.
- La referencia a este «misterio» se encuentra perfectamente visible en una de las páginas de uno de los capítulos de este libro. No está oculta, solo necesita prestar atención.

Una vez que encuentre estos textos, deberá traducirlos al español para descubrir a qué libro se hace referencia y qué se dice sobre él. ¡Es como resolver un acertijo literario!

Si consigue averiguarlo, puede enviar un correo a la dirección calculadoranticitera@gmail.com con la siguiente información:

- **Asunto**: Reto libro calculador.

- **Información**: Texto sobre el libro y su contenido.

En caso de que no lo consiga, puede enviarme un correo a la dirección anterior, y le daré la solución.